高等学校 BIM 技术应用系列教材

全国 BIM 技能等级考试（一级）实训教材

Revit 建模基础与实战教程

陈长流　寇巍巍　编著

中国建筑工业出版社

图书在版编目（CIP）数据

Revit建模基础与实战教程/陈长流，寇巍巍编著. 一北京：中国建筑工业出版社，2018.4（2024.2重印）
高等学校BIM技术应用系列教材　全国BIM技能等级考试（一级）实训教材
ISBN 978-7-112-21889-9

Ⅰ. ①R⋯　Ⅱ. ①陈⋯ ②寇⋯　Ⅲ. ①建筑设计-计算机辅助设计-应用软件-高等学校-教材
Ⅳ. ①TU201.4

中国版本图书馆CIP数据核字（2018）第039945号

本书从 BIM 的基本概念出发，介绍了 BIM 的相关标准、政策，BIM 在土木工程中的应用和 BIM 的主要特点等内容。脱离枯燥乏味的软件功能介绍，以一个独栋别墅及室外构筑物为案例，详细介绍了 Revit 2018 软件各项功能的使用方法，该案例基本涵盖了 Revit 软件的基本功能及历年全国 BIM 技能等级考试（一级）的各项知识点，在别墅的创建过程中穿插功能介绍和 BIM 技能等级考试知识点的讲解，既有详细操作步骤，又有功能上的归纳、总结和对比，寓教于乐，便于读者学习。

本书可作为高校建筑工程类、工程经济类、建筑结构、土木工程等与建设工程有关专业以及计算机相关专业的 BIM 课程教材及参考书，也可作为三维设计爱好者等的自学用书，同时还可作为施工单位、设计院等建筑行业相关从业人员的参考用书和操作指南，尤其对即将参加全国 BIM 技能等级考试（一级）的学员有很大帮助。

为方便读者交流，本书建立了 QQ 群 699636386，同时配有数字资源，有需要的读者可以加群自行下载配套图纸、课件、三维模型等学习资料。

责任编辑：赵　莉　王　跃　吉万旺
责任设计：李志立
责任校对：张　颖

高等学校 BIM 技术应用系列教材
全国 BIM 技能等级考试（一级）实训教材
Revit 建模基础与实战教程
陈长流　寇巍巍　编著

＊

中国建筑工业出版社出版、发行（北京海淀三里河路9号）
各地新华书店、建筑书店经销
霸州市顺浩图文科技发展有限公司制版
北京市密东印刷有限公司印刷

＊

开本：787×1092毫米　1/16　印张：17$\frac{1}{4}$　字数：395千字
2018年4月第一版　2024年2月第九次印刷
定价：**38.00**元（赠送数字资源）
ISBN 978-7-112-21889-9
（31805）

前　言

随着我国经济和土木工程的快速发展，土木工程已经成为一项信息量大、系统性强、综合性要求高的工作，涉及项目的使用功能、技术路线、经济指标、艺术形式等一系列数量庞大的自然科学和社会科学问题，迫切需要采用一种能容纳大量信息的系统性方法和技术去进行运作。住房城乡建设部发布的《建筑信息模型应用统一标准》GB/T 51212—2016将 BIM 定义为建筑信息模型（Building Information Modeling，Building Information Model），即"在建设工程及设施全生命期内，对其物理和功能特性进行数字化表达，并依此设计、施工、运营的过程和结果的总称，简称模型"。

住房城乡建设部《2016—2020 年建筑业信息化发展纲要》提出，BIM、大数据、智能化、移动通信、云计算、物联网等信息技术集成应用能力，将助力建筑业信息化水平的提高。同时住房城乡建设部《关于推进建筑信息模型应用的指导意见》要求，到 2020 年末，在以国有资金投资为主的大中型建筑、申报绿色建筑的公共建筑和绿色生态示范小区的项目的勘察设计、施工、运营维护中，集成应用 BIM 的项目比率须达到 90%。《建筑业10 项新技术》（2017 版）将信息化技术列为建筑业 10 项新技术之一，而信息化离不开BIM 技术。

BIM 技术具备共享性、可视化、协调性、模拟性、优化性、可出图等特点。BIM 时代的到来，带来了机遇，也带来了挑战和困惑，迫切要求进行大量 BIM 技术的学习和应用以及 BIM 人才的培养。

本书脱离枯燥乏味的软件功能介绍，以一个独栋别墅及室外构筑物为案例，详细介绍了 Revit 2018 软件各项功能的使用方法，该案例基本涵盖了 Revit 软件的基本功能及历年全国 BIM 技能等级考试（一级）的所有知识点，在别墅的创建过程中穿插功能介绍和BIM 技能等级考试知识点的讲解，既有详细操作步骤，又有功能上的归纳、总结和对比，寓教于乐，便于读者的学习。第 1～9 章由陈长流编写，第 10～18 章由寇巍巍编写。主审周岩教授级高级工程师、叶帅华副教授提出了很多宝贵意见，对本书质量的提高起到了非常重要的作用，在此表示衷心的感谢。

由于编写时间仓促，加之编者水平有限，错误之处在所难免，敬请读者批评指正。

编　者
2018 年 1 月 16 日

目录

第1章 BIM技术简介

1.1 BIM概述

随着经济和土木工程的快速发展，土木工程已经成为一项信息量大、系统性强、综合性要求高的工作，涉及项目的使用功能、技术路线、经济指标、艺术形式等一系列数量庞大的自然科学和社会科学问题，迫切需要采用一种能容纳大量信息的系统性方法和技术去进行运作。BIM是土木工程信息化建设的一个新阶段，它提供了一种全新的生产方式，运用数字化的方式来表达项目的物理特征和功能特征，对项目中不同阶段的信息实现集成和共享，为项目各参与方提供协同工作的平台，使生产效率得以提升、项目质量有效控制、项目成本大大降低、工程周期得以缩减，尤其在解决复杂形体、管线综合、绿色建筑、智能加工等难点问题方面显现了不可替代的优越性。

BIM的研究和应用在美国起步较早，BIM概念、标准较多，相比而言building SMART International及美国的BIM标准概念比较全面。

1.1.1 building SMART International BIM概念

1）Building Information Model，中文可以称之为"建筑信息模型"，building SMART对这一层次的解释为：建筑信息模型是一个工程项目物理特征和功能特性的数字化表达，可以作为该项目相关信息的共享知识资源，为项目全生命期内的所有决策提供可靠的信息支持。

2）Building Information Modeling，中文可称之为"建筑信息模型应用"，building SMART对这一层次的解释为：建筑信息模型应用是创建和利用项目数据在其全生命期内进行设计、施工和运营的业务过程，允许所有项目相关方通过不同技术平台之间的数据互用在同一时间利用相同的信息。

3）Building Information Management，中文可称之为"建筑信息管理"，building SMART对这一层次的解释为：建筑信息管理是指通过使用建筑信息模型内的信息支持项目全生命期信息共享的业务流程组织和控制过程，建筑信息管理的效益包括集中和可视化沟通、更早进行多方案比较、可持续分析、高效设计、多专业集成、施工现场控制、竣工资料记录等。

1.1.2 美国BIM概念

1）BIM是一个设施物理和功能特性的数字化表达，BIM是一个与设施有关信息的共享知识资源，从而为其全生命期的各种决策构成一个可靠的基础，这个全生命期定义为从早期的概念一直到拆除。

2）BIM的一个基本前提是项目全生命期内不同阶段、不同利益相关方的协同，包括在 BIM 中插入、获取、更新和修改信息以支持和反映该利益相关方的职责。

3）BIM 是基于协同性能公开标准的共享数字表达。

1.1.3 我国 BIM 概念

2016 年 12 月 2 日，住房城乡建设部发布《建筑信息模型应用统一标准》[1] GB/T 51212—2016（自 2017 年 7 月 1 日起实施）。其中对建筑信息模型（Building Information Modeling、Building Information Model）的概念定义为："在建设工程及设施全生命期内，对其物理和功能特性进行数字化表达，并依此设计、施工、运营的过程和结果的总称。简称模型。"

1.2 BIM 标准、政策

1.2.1 国外 BIM 标准现状

美国很早就开始研究建筑信息化的发展。直至今天，美国大多数建设项目都已应用 BIM 技术，并且在政府的引导推动下，形成了各种 BIM 协会、BIM 标准；加拿大、英国、荷兰、新加坡、澳大利亚等国家对 BIM 标准的相关研究和制定也愈发深入。

美国基于 IFC（Industry Foundation Class）标准制定了美国国家 BIM 标准 NBIMS，致力于推动和建立一个开放的 BIM 指导性和规范性的标准。2012 年 5 月，发布美国国家 BIM 标准第二版，2015 年 7 月，发布了美国国家 BIM 标准第三版（NBIMS V3）。

英国政府要求强制使用 BIM 技术。英国建筑业 BIM 标准委员会已于 2009 年 11 月发布了英国建筑业 BIM 技术标准 ［AEC（UK）BIM Standard］；于 2011 年 6 月发布了适用于 Revit 的英国建筑业 BIM 技术标准 ［AEC（UK）BIM Standard for Revit］；于 2011 年 9 月发布了适用于 Bentley 的英国建筑业 BIM 技术标准 ［AEC（UK）BIM Standard for Bentley Product］；2012 年，英国建筑业委员会发布了"英国建筑业 BIM 协议第二版"，并基于该规范分别发布了针对 Autodesk Revit 、Bentley ABD、GRAPHISOFT ArchiCAD 等 BIM 软件的具体版本。

澳大利亚于 2011 年 9 月发布了"NATSPEC 国家 BIM 指南"。

加拿大 BIM 委员会于 2012 年 10 月发布了"加拿大建筑业 BIM 协议 1.0 版"。

荷兰于 2013 年 2 月发布了"Rgd BIM 标准 1.1 版"。

芬兰 building SMART 于 2012 年 3 月发布了"通用 BIM 需求"。

新加坡建筑管理署 BCA 于 2013 年 8 月发布了"新加坡 BIM 指南第二版"。

挪威公共建筑机构于 2013 年 12 月发布了"Statsbygg BIM 手册 1.21 版"。

1.2.2 我国 BIM 标准、政策

我国 BIM 技术目前正处于推广、使用阶段，政策支持的力度也相当大。

2011 年 5 月 20 日，《2011—2015 年建筑业信息化发展纲要》，首次提及 BIM 概念。

2013 年 8 月 29 日，住房城乡建设部印发《关于征求关于推进 BIM 技术在建筑领域应用的指导意见（征求意见稿）的函》，征求 BIM 推进目标。

2014 年 7 月 1 日，《关于推进建筑业发展和改革的若干意见》中，强调 BIM 在工程设

计、施工和运行维护全过程的应用。

2015 年 6 月 16 日，《关于推进建筑信息模型应用的指导意见》[2] 中提到：（1）到 2020 年末，建筑行业甲级勘察、设计单位以及特级、一级房屋建筑工程施工企业应掌握并实现 BIM 与企业管理系统和其他信息技术的一体化集成应用。（2）到 2020 年末，以下新立项项目勘察设计、施工、运营维护中，集成应用 BIM 的项目比率达到 90%：以国有资金投资为主的大中型建筑；申报绿色建筑的公共建筑和绿色生态示范小区。

2016 年 8 月 23 日，《2016—2020 年建筑业信息化发展纲要》[3] 中提到："十三五"时期，全面提高建筑业信息化水平，着力增强 BIM、大数据、智能化、移动通信、云计算、物联网等信息技术集成应用能力，建筑业数字化、网络化、智能化取得突破性进展，初步建成一体化行业监管和服务平台，数据资源利用水平和信息服务能力明显提升，形成一批具有较强信息技术创新能力和信息化应用达到国际先进水平的建筑企业及具有关键自主知识产权的建筑业信息技术企业。

2016 年 12 月 2 日，住房城乡建设部发布了《建筑信息模型应用统一标准》GB/T 51212—2016，自 2017 年 7 月 1 日起实施。标准包括总则、术语和缩略语、基本规定、模型结构与扩展、数据互用、模型应用等。

2017 年 5 月 4 日，住房城乡建设部发布了《建筑信息模型施工应用标准》[4] GB/T 51235—2017，自 2018 年 1 月 1 日起实施。标准包括总则、术语与符号、基本规定、施工模型、深化设计、施工模拟、数字化加工、进度管理、造价管理、质量安全管理、施工监理、竣工验收等。

2017 年 10 月 25 日，住房城乡建设部《关于做好〈建筑业 10 项新技术（2017 版）〉推广应用的通知》中，明确将 "6.1 基于 BIM 的管线综合技术"、"10.1 基于 BIM 的现场施工管理信息技术" 列为建筑业新技术内容。从技术内容、技术指标、适用范围及工程案例等方面对 BIM 技术进行了详细介绍。

截止到 2017 年 12 月底，国内共有十几个省市地区陆续发布了 BIM 相关应用标准和导则。随着国家及各地政府对 BIM 技术的不断推进，其他地区的政策文件也都在酝酿制定中，越来越多关于 BIM 的推进政策将会陆续推出，BIM 技术将逐步向全国各城市推广开来，真正实现在全国范围内的普及应用。我国 BIM 相关的政策见图 1-1。

图 1-1　我国 BIM 相关政策

1.3　BIM 在土木工程中的应用

1.3.1　BIM 技术在国外的应用

图 1-2 是 building SMART International 对 BIM 在项目全生命周期中应用内容的形象解释。

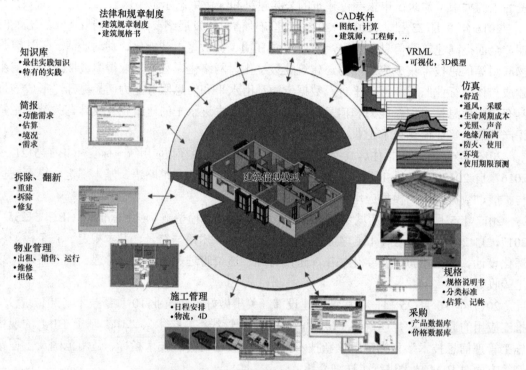

图 1-2　building SMART 联盟对 BIM 在项目全生命周期中应用的解释

（资料来源：building SMART International）

building SMART 联盟组织发布的《BIM 项目实施规划指南》中总结归纳了 BIM 在项目规划、设计、施工、运营各阶段中的 25 种应用，包括现状建模、成本预算、阶段规划、规划文本编制、场地分析、设计方案论证、设计建模、能量分析、结构分析、日照分析、设备分析、其他分析、LEED 评估、规范验证、3D 协调、场地使用规划、施工系统设计、数字化加工、三维控制和规划、记录模型、维护计划、建筑系统分析、资产管理、空间管理/追踪、灾害计划，如图 1-3 所示。其中有些应用跨越各个阶段，如现状建模、成本预算贯穿建设项目规划、设计、施工、运营整个生命周期。

1.3.2　BIM 技术在我国的应用

我国目前主要的 BIM 应用也已遍布项目的全生命周期，主要体现在：方案模拟、结构分析、日照分析、工程算量、3D 协调、4D 模拟（3D＋进度）、5D 模拟（3D＋进度＋投资）、施工方案优化、碰撞检查、管线综合、安全管理、三维扫描、数字化放线、数字化建造、灾害模拟、虚拟现实、运维管理[5-7]等。

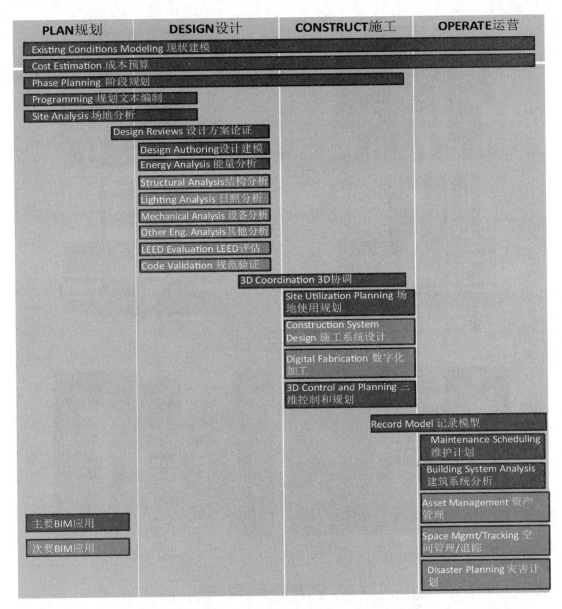

图 1-3　building SMART 联盟总结的 25 种 BIM 应用

如图 1-4 是为数据中心项目 BIM 碰撞检查及优化设计，图 1-5 为某数据中心项目 BIM 排版和真实照片的对照，图 1-6 为三维扫面技术的应用，图 1-7 为二维码技术应用于项目建设查询相关静态、动态信息，图 1-8 为平面布置及安全管理，图 1-9 为 4D 模拟，图 1-10 为 5D 模拟，图 1-11 为室内外漫游，图 1-12 为运维管理。

随着大数据、云计算等新兴技术的推广应用，虚拟云桌面也得到较快的发展。虚拟云桌面是依托 IDC 数据中心硬件及网络资源，通过虚拟化技术组建资源池、搭建虚拟云桌面。用户使用账户随时随地地通过网络，使用快速远程成像协议连接至 IDC 数据中心的桌面资源（虚拟机），打造一种全新、安全、便捷、高效的工作方式，与操作本地计算机无异。虚拟云桌面的方案架构图见图 1-13。

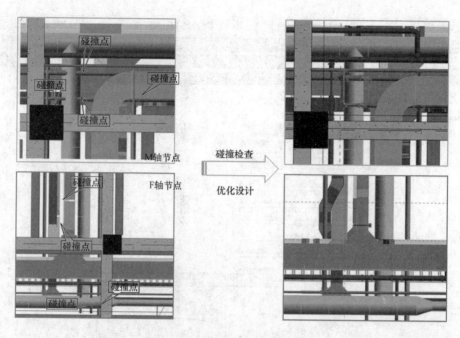

图 1-4　BIM 碰撞检查及优化设计

BIM排版　　　　　　　　　　　　　　真实效果

图 1-5　BIM 排版和真实照片对照

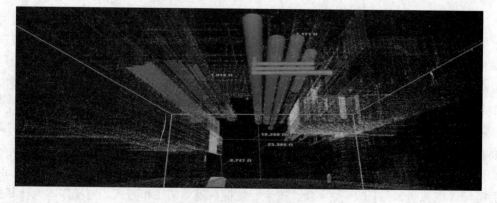

图 1-6　三维扫面技术的应用

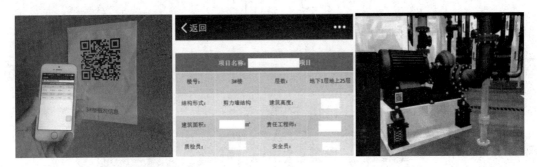

图 1-7　二维码技术应用

图 1-8　平面布置及安全管理

图 1-9　4D 模拟

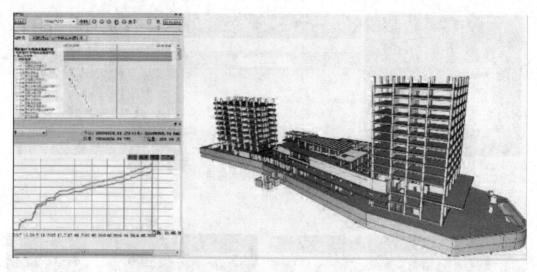

图 1-10　5D 模拟

图 1-11　室内外漫游

图 1-12　运维管理

图 1-13　虚拟云桌面方案架构

BIM 技术的快速发展，对硬件资源的配置要求越来越高。将 BIM 技术与虚拟云桌面优势互补，可以根据行业单位需求打造个性化 BIM 专属云桌面。BIM 专属云桌面一般由基础配置、个性化软件配置、个性化硬件配置、个性化开发等四部分组成。其中基础配置包括基础硬件配置、操作系统、基础办公软件、基础网络、安全、备份及维护服务等，个性化软件配置包括 BIM 专业化软件、协同软件、运维管理软件、其他个性化需求软件等，个性化硬件配置包括高性能显卡、全闪存高速磁盘、漫游磁盘、其他个性化需求硬件等，个性化开发包括二维码、运维管理平台、其他开发需求等，BIM 专属云桌面架构如图 1-14 所示，BIM 专属云桌面登录如图 1-15 所示[8]。

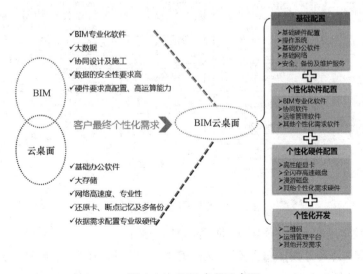

图 1-14　BIM 专属云桌面

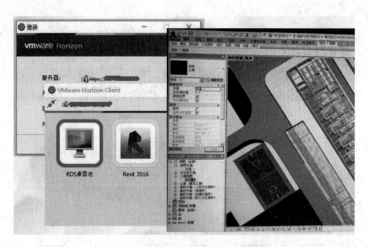

图 1-15　BIM 专属云桌面登录

1.4　主要 BIM 软件

目前主要 BIM 软件中，国外产品较多，国内产品较少，设计产品较多，管理产品较少。国外主流软件有 Autodesk、Bentley、Trimble、Dassault、Graphisoft、Tekla、FUZOR、Synchro、Midas、ANSYS 等，国内主流软件有广联达、鲁班、斯维尔、PKPM、品茗等，如图 1-16 所示。

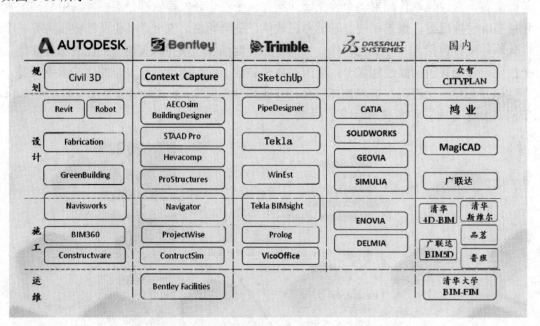

图 1-16　国内外主要 BIM 软件

下面将比较常用和主流的软件，进行简单地介绍：

1. Autodesk 公司开发了一系列 BIM 相关软件，其中的 Revit 软件最早是由 Revit Technology 公司研发，后被 Autodesk 公司收购。Revit 包含建筑业从概念设计到精细构件加工的各个过程，Autodesk 公司把它作为一个从设计到建造的全生命周期的 BIM 平台来进行打造。在概念设计阶段，Revit 可以通过创建体量做出建筑的大概形状，快速进行空间分析，方案确定后再进行后续设计；在建筑设计阶段可以通过系统自带的常规的墙柱梁、门窗板、楼梯洞口幕墙等构件快速创建建筑模型；在结构设计阶段，可以通过使用 Revit 结构模块中的梁、柱、板、桁架、基础、钢筋等工具快速创建结构模型；在机电设计阶段，可以通过 Revit 的 MEP 模块对风管、水管、桥架、线缆和设备等物体进行精确的建模。Navisworks 软件产品可以帮助所有相关方将项目作为一个整体来看待，从而优化从设计决策、建筑实施、性能预测和规划直至设施管理和运营等各个环节，可以实现各相关专业碰撞检查及四维施工模拟等，实现可视化漫游体验。

2. Bentley 公司基于 Microstation 开发的一系列行业软件，功能和 Revit 最相似的建筑业建模工具为 AECOsim Building Designer，简称 ABD，它不是一款软件，而是一个系列软件。与 Revit 不同，安装 ABD 后，电脑上会出现建筑应用、结构应用、机电应用、电气应用、能量模拟等单独的软件，也包括了 Microstation 本身。在 Bentley 的官网上，包含将近 40 个软件系列，按照行业划分，每个系列中还细分出几个小系列，这么多软件所采用的是统一的 DGN 格式，加强了不同软件之间的互操作性。与 Autodesk 把整个文件中所有的元素都放在内存里的方式相比，Bentley 的做法是将其直接写入到硬盘，修改相关模型或操作时，软件把它们从硬盘读取到内存，修改完之后再自动写进硬盘，这也是两款软件在模型文件大小、运行大体积文件速度不同的原因。

3. CATIA 是法国 Dassault System 公司旗下的 CAD/CAE/CAM 一体化软件，在航空、航天、汽车等领域具有接近垄断的市场地位，应用到工程建设行业后，无论是对复杂形体还是超大规模建筑，其建模能力、表现能力和信息管理能力都比传统的建筑类软件有明显优势，而与工程建设行业的项目特点和人员特点的对接问题则是其不足之处。

4. Tekla 是芬兰 Tekla 公司开发的钢结构详图设计软件，它是通过首先创建三维模型以后自动生成钢结构详图和各种报表。Xsteel 是一个三维智能钢结构模拟、详图的软包。Xsteel 自动生成的各种报表和接口文件（数控切割文件），可以服务（或在设备直接使用）于整个工程。用户可以在一个虚拟的空间中搭建一个完整的钢结构模型，模型中不仅包括零部件的几何尺寸，也包括了材料规格、横截面、节点类型、材质、用户批注语等在内的所有信息，而且可以用不同的颜色表示各个零部件，它有用鼠标连续旋转功能，用户可以从不同方向连续旋转地观看模型中任意零部位。

5. Lumion 是一个实时的 3D 可视化工具，用来制作电影和静帧作品，涉及的领域包括建筑、规划和设计。可以从 SketchUp、Autodesk 或其他软件导入相关内容，Lumion 本身包含了一个庞大而丰富的内容库，里面有建筑、汽车、人物、动物、街道、街饰、地表、石头等，相比其他软件 Lumion 制作时间较短、占用电脑资源较少。

6. 斯维尔公司的 BIM 相关软件，专业致力于提供工程设计、工程造价、工程管理、电子政务、互联网+等五大系列全生命周期管理的建设行业信息化解决方案与软件产品，主要的产品有 BIM—三维算量 ForCAD、BIM—安装算量 ForCAD、BIM—清单计价、BIM—三维算量 ForRevit、专业设计和分析软件等。

7. 广联达（Glodon）公司开发的 BIM 相关软件，大家比较熟知的是广联达的造价和算量，BIM5D 是它在 BIM 领域的核心产品。BIM5D 不是建模软件，它不能像 Revit 那样创建 BIM 模型；它也不是造价软件，不能完成 BIM 算量这样的工作。BIM5D 定位的核心服务对象是施工总包单位，核心服务的业务是施工管理。它的功能是把项目的合同、质量、进度、成本、物料这些信息，关联到已有的 BIM 模型上，实现这些信息更高效的管理。BIM5D 的软件架构叫做三端一云，即 PC 端、手机端、浏览器端，以及 BIM 云服务。三端由项目中不同的人员分别使用，云服务则是在后端支撑它们之间的数据存储和传递。

8. 鲁班公司专注于建造阶段 BIM 技术项目级、企业级解决方案研发和应用推广，已将工程级 BIM 应用延展到城市级 BIM（CIM）应用、住户级 BIM 应用（精装、家装 BIM）中。相关软件上游可以接受 Revit、Tekla、Bentley 等国内外满足 IFC 格式的主流 BIM 设计数据，下游可以导出 IFC，导出到 ERP、项目管理软件。

9. 品茗公司提供基于 BIM 技术的专业软件产品和解决方案，在 BIM 造价、BIM 项目施工、BIM 智慧工地等 BIM 落地应用场景中竞争优势突出。基于 CAD、Revit 等平台开发 BIM 应用类型软件，开发的产品涵盖设计、招标投标、施工、结算和竣工阶段，主要包括 HiBIM、品茗 BIM 胜算计控软件、品茗 BIM 施工策划软件、品茗 BIM 模板工程设计软件、品茗 BIM 脚手架工程设计软件、品茗土建钢筋算量软件、品茗安全设施计算软件、品茗智能网络计划图绘制软件、品茗 BIM5D 和品茗云平台（PM Cloud）等产品。品茗 BIM 专业软件采用统一文件格式，做到一模多用，并且可以通过云平台技术共享模型信息。另外，品茗 BIM 软件支持与 Revit、3DMAX、SketchUp 等基础 BIM 建模软件数据共通，实现数据信息共通，增强了易用性。

1.5 BIM 特点总结

简而言之，BIM 技术能应用于建设项目的规划、勘察、设计、施工、运营等各个阶段，它的核心特点是实现全生命周期各参与方在同一多维建筑信息模型基础上的数据及时更新及共享，它具有以下主要特点[9-13]：

（1）共享性

实现信息共享是 BIM 技术一个主要特点。各参建方、各专业间可以通过大数据、云平台等技术实现信息共享、协同工作和数据交互。严格意义上说没有实现信息共享的技术就算不上是 BIM 技术。

（2）可视化

可视化即"所见即所得"。BIM 技术提供可视化的解决方案，而建筑设计效果图只体现设计意图的表现而不具有真实建造的意义，BIM 技术可以在三维模式下实现可视化展示、可视化设计、可视化交底、可视化运维。

（3）协调性

协调工作在工程建设中占用的时间相当大，项目的实施过程中若遇到相关问题，就需要协调各相关参与方一起查找和解决问题。往往时间成本、人工成本耗费很大，BIM 技术可在建筑物建造各阶段，用计算机模拟建造的手段对各专业的设计、施工等问题进行提前预判，同时通过可视化的手段及时沟通、协调存在的相关专业碰撞、净高控制、工艺要求等各种问题。

（4）模拟性

在建设项目的不同阶段，均能使用 BIM 技术的模拟性来解决问题。在规划设计阶段，可以利用 BIM 技术进行风环境分析、声环境分析、应急疏散分析、日照分析、节能分析等各种模拟分析。在施工阶段可以进行"三维模型＋进度控制"的 4D 模拟、"三维模型＋进度控制＋投资控制"的 5D 模拟。在运营阶段还可以进行紧急状况下人员疏散模拟、模拟项目运维状况等。

（5）优化性

BIM 技术可以实现各种优化。BIM 技术可实现三维排版、三维交底、方案验算等功能，BIM 模型中相关模型元素可赋予高程、坐标、形状样式、位置关系及布局等几何信息和材质、颜色、类型等非几何信息。基于 BIM 技术可以对项目进行方案优化，把项目方案和建设投资、投资回报等各种分析结合起来，方案变化对建设投资、投资回报等的影响可以实时计算出来，有利于项目方案的决策及优化。

（6）可出图

BIM 模型通过协调、模拟、优化后，以三维模型为基础生成符合要求的各种图纸，如通过剖切的方式形成平面、立面、剖面、节点等二维图纸及经过碰撞检查和设计修改后的综合管线排布图、洞口警示图、结构留洞图、安装施工图等各类图纸。

第 2 章　Revit 2018 简介

2.1　软件安装与卸载

2.1.1　软件安装

Revit 2018 目前支持的系统有 win7、win8、win10 等，它只支持 64 位系统，不支持 32 位系统。要求单核或多核 Intel® Pentium®、Xeon®、i 系列处理器或支持 SSE2 技术的 AMD®同等级别处理器，建议尽可能使用高主频 CPU。Autodesk Revit 软件产品的许多任务要使用多核，执行近乎真实照片级渲染操作需要多达 16 核。内存要求 4GB 及以上。

Revit 2018 的安装界面如图 2-1 所示，Revit 2018 安装过程中需要联网下载组件，如图 2-2 所示，须保持网络畅通，否则可能导致相关模板资源安装不全。

图 2-1　Revit 2018 安装界面　　　　　图 2-2　Revit 2018 下载网络资源

Revit 2018 支持单机序列号许可，也支持使用网络许可，如图 2-3 所示。Autodesk 系列软件产品支持 30 天的试用期，可以通过如图 2-4 所示点击运行开始试用。

图 2-3　Revit 2018 软件许可　　　　　图 2-4　Revit 2018 产品试用

2.1.2　软件卸载

Autodesk 系列软件产品有专门的卸载工具，为避免卸载不彻底，建议选择 Autodesk 自带的卸载程序卸载软件。点击程序菜单里"Autodesk"下的"Uninstall Tool"即可打开"Autodesk 卸载工具"，勾选需要卸载的软件，点击卸载即可完成卸载工作，如图 2-5 所示。

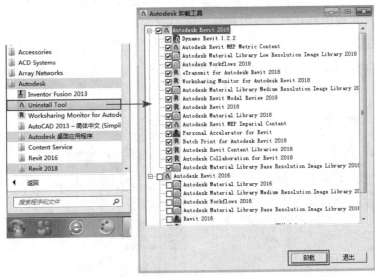

图 2-5　Revit 卸载

2.2　界面介绍

Revit 2018 常用的项目界面及相关功能区如图 2-6 所示。

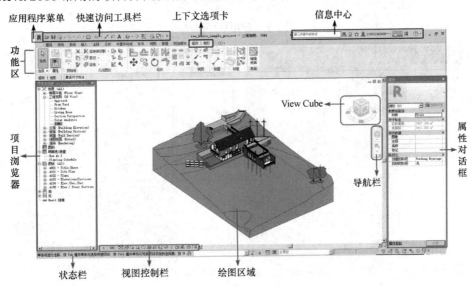

图 2-6　Revit 界面及相关功能区

2.3　选项对话框

点击程序左上角的"R"下面的"文件"按钮，即可打卡应用程序菜单。应用程序菜单主要提供对 Revit 相关文件的操作，包括"新建"、"打开"、"保存"、"另存为"、"导出"等常用操作命令。"导出"菜单提供了 Revit 支持的数据格式，可以导出 CAD、DWF、NWC、IFC 等文件格式，其目的是与其他软件如 3ds Max、AutoCAD、Navisworks 等进行数据文件交换，实现信息共享。应用程序菜单如图 2-7 所示。

点击应用程序菜单中的"选项"按钮会弹出"选项"对话框，选项对话框如图 2-8 所示。

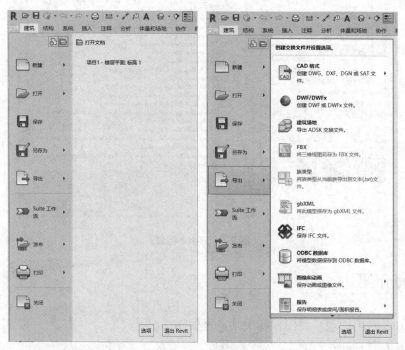

图 2-7　应用程序菜单

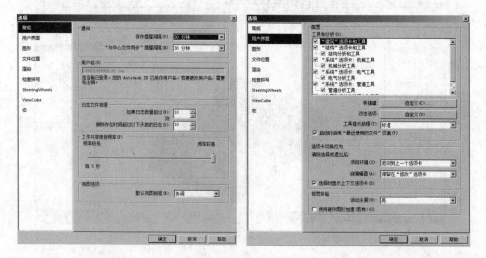

图 2-8　选项对话框

选项对话框中包含"常规"、"用户界面"、"图形"、"文件位置"、"View Cube"等一系列选项卡。其中，在"常规"选项卡可以设置"保存提醒间隔"、"与中心文件同步提醒间隔"、"用户名"、"日志文件清理"等。在"用户界面"选项卡中可以设置选项卡和工具显示方式、"快捷键"、"双击选项"等。

点击"快捷键"后的"自定义"按钮，可以对快捷键进行设置。软件支持快捷键搜索、快捷键指定等功能，如在搜索栏中输入"标注"字样，会在下面的对话框中显示与"标注"有关的所有命令和对应的快捷方式和路径；同时可以选择相应命令后按下"指定"按钮指定相应的快捷键，也可以选择命令后点击"删除"删除相关快捷键，"快捷键"设置方法如图 2-9 所示。当鼠标光标移动至有快捷键的相关命令如"门"时，稍作停留，光标旁会出现提示框，提示框中括号内大写字母"DR"即为"门"的快捷键。

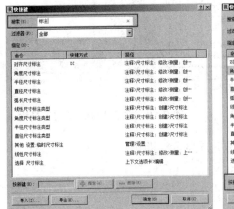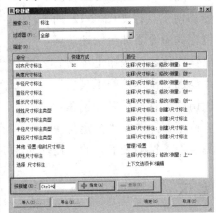

图 2-9　快捷键设置方法

在"图形"选项卡下可以调节"背景"颜色、"选择"颜色、临时尺寸标注文字大小等。Revit 2018 支持将背景设置为任意颜色。"图形"选项卡相关内容如图 2-10 所示。

在"文件位置"选项卡下，可以设置"构造样板"、"建筑样板"、"结构样板"、"机械样板"的文件路径，用户文件默认路径，族样板文件默认路径等。"文件位置"选项卡相关内容如图 2-11 所示。

图 2-10　图形选项卡　　　　　　　　图 2-11　文件位置选项卡

2.4　快速访问工具栏

"快速访问工具栏"是放置常用命令和按钮的组合,"快速访问工具栏"的按钮可以自定义。单击"快速访问工具栏"后的下拉按钮,即可弹出"自定义快速访问工具栏"。点击"自定义快速访问工具栏"标签后,可以对这些命令进行"上移"、"下移"、"添加分隔符"、"删除"等操作。自定义快速访问工具栏如图 2-12 所示。若想将相关命令添加至快速访问工具栏,只需在该命令按钮上单击右键并选择"添加到快速访问工具栏"即可。快速访问工具栏可以显示在功能区的上方或下方,选择"自定义快速访问工具栏"下拉列表下方的"在功能区下方显示"即可。

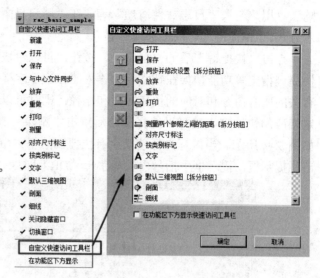

图 2-12　自定义快速访问工具栏

2.5　功能区

"功能区",即 Revit 的主要命令区,显示功能选项卡里对应的所有功能按钮。Revit 将不同功能分类成组显示,单击某一选项卡,下方会显示相应的功能命令。功能区一般包含"主按钮"、"下拉按钮"、"分隔线",功能区相关内容如图 2-13 所示。

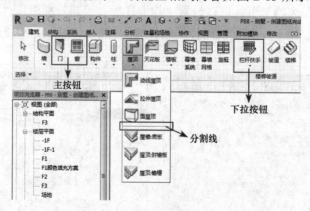

图 2-13　功能区

2.6　上下文选项卡

使用某个命令时才会出现的针对这个命令的选项卡,叫做"上下文选项卡"。例如,当点击"建筑"选项卡中的"门"命令时，就会出现与门有关的选项，如图 2-14 所示。

图 2-14　上下文选项卡

2.7　项目浏览器

项目浏览器是用于显示当前项目中所有视图、明细表/数量、图纸、族、组、链接等信息的结构树。点击"+"可以展开分支，"－"可以折叠各分支，如点击"视图"可以展开楼层平面、三维视图、立面、剖面、详图视图、渲染等。项目浏览器如图 2-15 所示。选择某视图单击鼠标右键，可以对该视图进行"复制"、"删除"、"重命名"、"查找相关视图"等相关操作。

图 2-15　项目浏览器

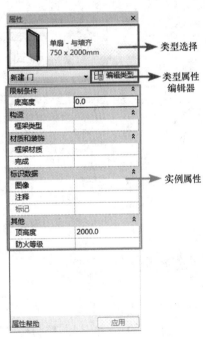

图 2-16　属性对话框

2.8　属性对话框

属性对话框用于查看和修改 Revit 图元的相关参数，如图 2-16 所示。图元属性可以分为实例属性和类型属性，修改实例属性的值，将只影响选择集内的图元或者将要放置的图元，如图 2-17 所示；而修改类型属性的值，会影响该族类型当前和将来的所有实例，如图 2-18 所示。

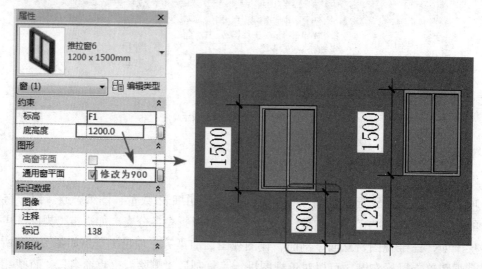

图 2-17　修改实例属性

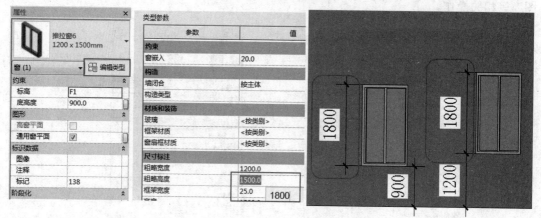

图 2-18　修改类型属性

2.9　视图控制栏

视图控制栏位于窗口底部，样式如下图 2-19 所示。通过点击相应的按钮，可以快速访问影响绘图区域的功能。视图控制栏中按钮从左向右依次是：

图 2-19　视图控制栏

1：100：视图比例，用于在图纸中表示对象的比例。

：详细程度，提供"粗略"、"中等"、"精细"三种模式。

：视觉样式，可根据项目视图，选择线框、隐藏线、着色、一致的颜色、真实

及光线追踪 6 种模式。

- ：打开/关闭日光路径并进行设置。
- ：打开/关闭模型中阴影的显示。
- ：对图形渲染方面的参数进行设置，仅 3D 视图显示该按钮。
- ：控制是否应用视图裁剪。
- ：显示或隐藏裁剪区域范围框。
- ：锁定/解锁三维视图，仅 3D 视图显示该按钮。
- ：临时隐藏/隔离，将视图中的个别图元暂时独立显示或隐藏。
- ：显示隐藏的图元。
- ：临时视图属性，启用临时视图属性、临时应用样板属性。
- ：显示/隐藏分析模型。
- ：高亮显示位移集。
- ：显示/隐藏约束。

2.10　View Cube

当处于三维显示状态时，View Cube 默认显示在绘图区域的右上角，View Cube 各个边、顶点、面、指南针分别代表三维视图中不同的视点方向。单击立方体的相关部位或指南针字可以切换到视图的相关方位。鼠标左键按住 View Cube 上的任意位置并拖动，可以旋转视图。点击 View Cube 左上方的主视图按钮，可以恢复主视图。View Cube 如图 2-20 所示。在"视图"选项卡，"窗口"面板、"用户界面"下拉列表中，可以设置 View Cube 在三维视图中是否显示，如图 2-21 所示。

图 2-20　View Cube

图 2-21　设置 View Cube 是否显示

在 View Cube 上单击鼠标右键或单击右下角的"关联菜单"，可以打开 View Cube 关联菜单，如图 2-22 所示。有转至主视图、保存视图、将当前视图设定为主视图、将视图设定为前视图、重置为前视图、显示指南针、定向到视图、确定方向、定向到一个平面等操作选项。单击"选项"按钮，可以打开 View Cube 设置选项卡，如图 2-23 所示，可以设置显示位置、显示大小、显示指南针等。

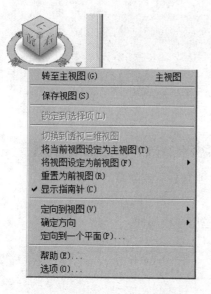

图 2-22　View Cube 关联菜单

图 2-23　View Cube 设置选项卡

2.11　导航栏

导航栏默认是在 Revit 绘图区域的右侧，主要是用于访问导航工具。在"视图"选项卡，"窗口"面板、"用户界面"下拉列表中，可以设置导航栏在三维视图中是否显示。标准导航栏样式如图 2-24 所示，单击"　"按钮的下拉列表，可以更换导航栏的不同控制方式，如图 2-25 所示。

图 2-24　标准导航栏

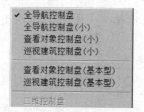

图 2-25　导航栏的不同控制方式

点击"导航栏"当中的"导航控制盘"按钮的自定义按钮，可以打开控制盘，如图 2-26 所示，可以进行缩放、动态观察、平移、回放、漫游等操作。导航栏中的视图缩放工具可以对视图进行"区域放大"、"缩小两倍"、"缩放匹配"、"缩放全部以匹配"等操作，如图 2-27 所示。

图 2-26　导航控制盘

图 2-27　导航栏的缩放控制

自定义导航栏选项主要对导航栏样式的设置，其中包括是否显示 SteeringWheels 等相关工具，如图 2-28 所示，导航栏位置的设置如图 2-29 所示，导航栏不透明度的设置如图 2-30 所示。

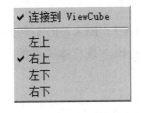

图 2-28　自定义导航栏　　　图 2-29　导航栏位置设置　　　图 2-30　导航栏不透明度设置

2.12　Revit 相关术语

2.12.1　项目及项目样板

Revit 中创建的模型、图纸、明细表等信息通常被存储在项目文件中，项目文件中不仅可以包含构件的长、宽、高等几何信息，也可以包含供应商、价格、性能等非几何信息。在 Revit 模型中，所有的图纸、二维视图和三维视图以及明细表都是同一个虚拟建筑模型的信息表现形式。对建筑模型进行操作时，Revit 将收集有关建筑项目的信息，并在项目的其他所有表现形式中协调该信息。Revit 参数化修改引擎可自动协调在任何位置（模型视图、图纸、明细表、剖面和平面中）进行的修改。

在建立项目文件之前，一般需要有项目样板文件，在样板文件中会定义好相关参数，如尺寸标注样式、文字样式、线型线宽等线样式、门窗样式等等，在不同的样板中包含的内容也会不同，一般创建建筑模型时选择建筑样板。点击"新建"、"项目"，即可弹出"新建项目"对话框，可选择相应的样板文件，也可单击"浏览"按钮选择其他事先建好的样板文件，如图 2-31 所示。

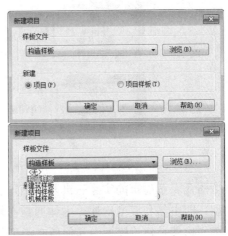

图 2-31　新建项目样板文件选择

Revit 中提供了若干样板，用于不同的规程和建筑项目类型。也可以创建自定义样板以满足特定的需要或确保遵守办公标准，在新建项目时选择新建"样板文件"创建样板文件。

2.12.2 常用文件格式

Revit 中常用的文件格式有 RTE、RVT、RFA、RFT 等四种。样板文件的后缀为 rte，项目文件的后缀为 rvt，族文件的后缀为 rfa，族样本文件的后缀为 rft。

2.12.3 图元

图元是 Revit 软件中可以显示的模型元素的统称。Revit 在项目中使用三种类型的图元，即模型图元、基准图元和视图专有图元，如图 2-32 所示。

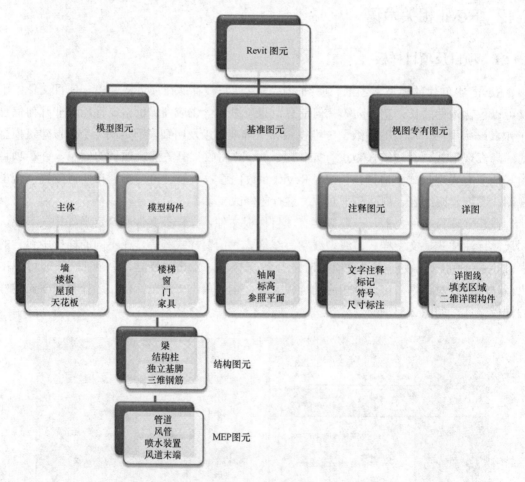

图 2-32 Revit 图元

模型图元表示建筑的实际三维几何图形。它们显示在模型的相关视图中，模型图元有两种类型，即主体和模型构件，主体通常在构造场地在位构建，如墙和天花板、结构墙和屋顶，模型构件是建筑模型中其他所有类型的图元。

基准图元可帮助定义项目上下文。例如，轴网、标高和参照平面都是基准图元。

视图专有图元只显示在放置这些图元的视图中。它们可帮助对模型进行描述或归档。如尺寸标注就属于视图专有图元。视图专有图元有两种类型，即注释图元和详图。注释图元是对模型进行归档并在图纸上保持比例的二维构件，如尺寸标注、标记和注释记号都是注释图元。详图是在特定视图中提供有关建筑模型详细信息的二维项，如详图线、填充区域和二维详图构件。

这些实现内容为设计者提供了设计灵活性。Revit 的图元设计可以由用户直接创建和修改，无需进行编程。在 Revit 中，绘图时可以定义新的参数化图元。

2.12.4　族

Revit 作为一款广受欢迎的参数化设计软件，其主要得益于 Revit 中的参数化构件"族"。族在 Revit 中是设计的基础与核心。族是一个包含通用属性（称作参数）集和相关图形表示的图元组。属于一个族的不同图元的部分或全部参数可能有不同的值，但是参数（其名称与含义）的集合是相同的。族中的这些变体称作族类型或类型。

Revit 中有三种类型的族，即：系统族、可载入族和内建族。

系统族是创建在建筑现场装配的基本图元。如：墙、屋顶、楼板、风管、管道等，能够影响项目环境且包含标高、轴网、图纸和视口类型的系统设置也是系统族。系统族是在 Revit 中预定义的，不能将其从外部文件载入到项目中，也不能将其保存到项目之外的位置。如图 2-33 为基本墙系统族的属性信息。

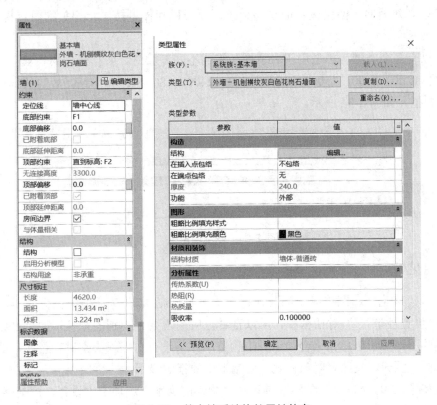

图 2-33　基本墙系统族的属性信息

可载入族是用于创建下列构件的族：

（1）通常购买、提供并安装在建筑内和建筑周围的建筑构件，例如窗、门、橱柜、装置、家具和植物；

（2）通常购买、提供并安装在建筑内和建筑周围的系统构件，例如锅炉、热水器、空气处理设备和卫浴装置；

（3）常规自定义的一些注释图元，例如符号和标题栏。

由于它们具有高度可自定义的特征，因此可载入的族是在 Revit 中最经常创建和修改的族。与系统族不同，可载入的族是在外部 RFA 文件中创建的，并可导入或载入到项目中。对于包含许多类型的可载入族，可以创建和使用类型目录，以便仅载入项目所需的类型。

内建族是在当前项目中新建的族，它与可载入族的不同之处在于内建族只能存储在当前的项目文件里，不能单独存成 RFA 文件，也不能在别的项目中应用。可以创建内建几何图形，以便它可参照其他项目几何图形，使其在所参照的几何图形发生变化时进行相应大小的调整和其他调整。创建内建图元时，Revit 将为该内建图元创建一个族，该族包含单个族类型。创建内建图元涉及许多与创建可载入族相同的族编辑器工具。

在 Revit 中经常用到的一类族为体量族，体量族是形状的族，属于体量类别，其中利用可载入概念体量族法创建的体量族属于可载入族；利用内建体量创建的体量族属于内建族。通过体量族创建的体量（体量实例），是用于观察、研究和解析建筑形式的过程。通过体量可以创建面墙、面楼板、面幕墙系统、面楼板和体量楼层，相关的内容将在第 16 章进行详细介绍。

族可以有多个类型，类型用于表示同一族的不同参数值。如打开门族"双面嵌板玻璃门"，包含 1200×2100、1500×2100、1500×2400、1800×2100、1800×2400（宽×高）5 个不同类型，如图 2-34 所示。

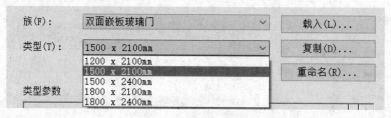

图 2-34 基本墙系统

2.12.5 可见性

绝大多数可见性和图形显示的替换是在"可见性/图形"对话框中进行的。从"视图"选项卡、"可见性/图形"对话框中，可以查看已应用于某个类别的替换。如果已经替换了某个类别的图形显示，单元格会显示图形预览。如果没有对任何类别进行替换，单元格会显示为空白，图元则按照"对象样式"对话框中的指定显示。

链接和导入的 CAD 文件的可见性可在"导入的类别"选项卡中设置，控制链接 Revit 模型可见性与图形的参数在"Revit 链接"选项卡中设置，如图 2-35 所示。

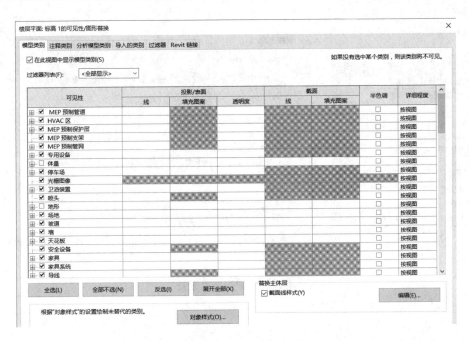

图 2-35　可见性设置

2.12.6　视图范围

视图范围是控制对象在视图中的可见性和外观的水平平面集。每个平面图都具有视图范围属性，该属性也称为可见范围。定义视图范围的水平平面为"俯视图"、"剖切面"和"仰视图"。顶剪裁平面和底剪裁平面表示视图范围的最顶部和最底部的部分。剖切面是一个平面，用于确定特定图元在视图中显示为剖面时的高度。这三个平面可以定义视图范围的主要范围。视图深度是主要范围之外的附加平面。更改视图深度，以显示底裁剪平面下的图元。默认情况下，视图深度与底剪裁平面重合。图 2-36 所示立面显示平面视图的范围，⑦为视图范围：①为顶部、②为剖切面、③为底部、④为偏移（从底部）、⑤为主要范围、⑥为视图深度，右侧平面视图显示了此视图范围的结果。视图范围的设置点击"属性对话框"中"视图范围"后的"编辑"按钮，如图 2-37 所示。

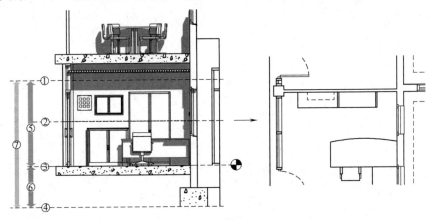

图 2-36　视图范围

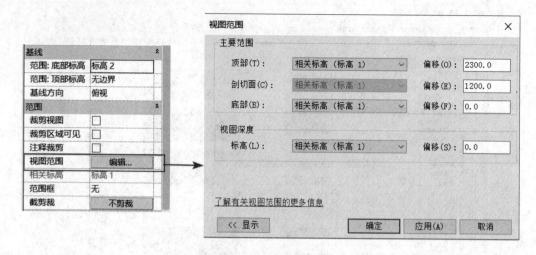

图 2-37　视图范围设置

第3章 项目设置

3.1 材质、对象样式

3.1.1 材质

材质，用于指定建筑模型中应用到图元的材质和关联特征，控制模型图元在视图和渲染图像中的显示方式。如图 3-1 所示，选择"管理"选项卡中"设置"面板中的"材质"，打开"材质浏览器"对话框。材质浏览器中可以定义材质资源集，包括外观、物理、图形和热特性，也可以将材质应用于项目的外观渲染或热能量分析。

图 3-1 打开材质对话框

如图 3-2 所示，点击"材质浏览器"中的显示/隐藏库面板按钮，打开 Autodesk 材质库。可通过搜索栏搜索所需要的材质，并将相应的材质添加到文档中，操作过程如图 3-3 所示。

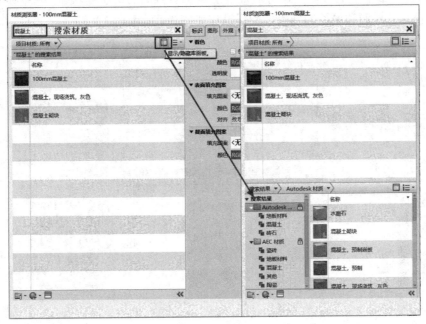

图 3-2 材质浏览器

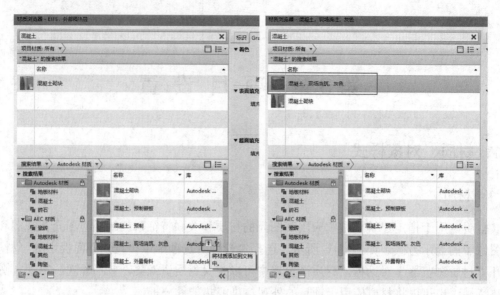

图 3-3　材质添加到文档中

　　根据上述步骤可完成材质库中已有材质的选择，若材质库内无对应的材质，则需要创建新材质，建议的方法是复制现有的类似材质，然后根据需要编辑名称和其他属性。如果没有可用的类似材质，可以从头开始创建新的材质。下面介绍创建新材质的两种方法。

　　（1）通过复制创建新材质

　　当材质库中有类似材质时，可通过复制的方式创建新材质。按前述方法将类似材质添加到项目材质列表中并选中，通过材质浏览器底部下拉菜单 中的"复制选定的材质"创建新材质（此步骤也可通过右键单击菜单中的"复制"命令完成），创建的新材质以"原材质名称+数字"进行命名，可通过材质浏览器右侧的材质编辑器，按需完成新材质的名称、信息、资源和属性的修改，操作过程如图 3-4 所示。

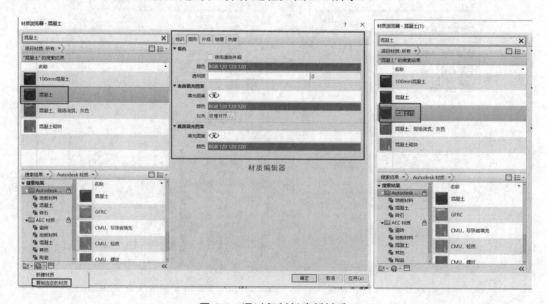

图 3-4　通过复制创建新材质

以上两种方式创建材质时，在材质浏览器右侧的材质编辑器中的"外观"中，均需要通过"复制此资源"按钮将资源进行复制后，再进行相关参数的修改；若不进行复制，对此资源进行修改时，将会影响原材质的相关参数，如图 3-5 所示。

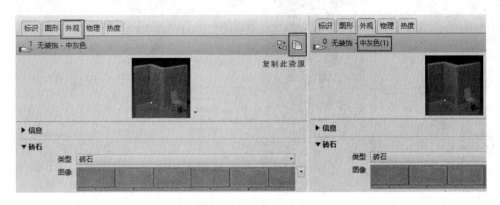

图 3-5　复制此资源命令

（2）通过新建创建新材质

当材质库中没有类似材质时，则需要通过新建的方式创建新材质，通过材质浏览器底部下拉菜单 中的"新建材质"创建新材质，创建的新材质以"默认为新材质"进行命名，可通过材质浏览器右侧的材质编辑器，根据需要完成新材质的名称、信息、资源和属性的修改，操作过程如图 3-6 所示。

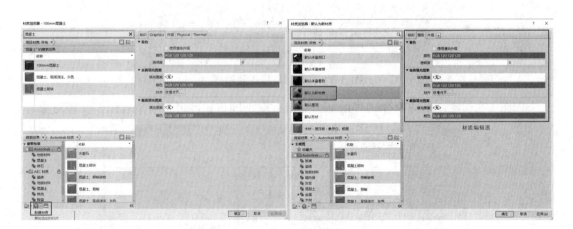

图 3-6　通过新建创建新材质

材质库是材质和相关资源的集合。Autodesk 提供了部分库，用户也可以根据实际需求创建新库，以用来管理最常用或用于特定项目的一组材质。如图 3-7 所示，可通过在材质浏览器底部下拉菜单 中的"创建新库"来创建新库，在弹出窗口中指定文件名和位置，保存后即创建了新的材质库。在材质浏览器中，通过从其他库或从项目材质列表中单击并拖动，将材质添加到新库中。通过载入材质库文件 （*.adsklib）的方式实现不同项目或与其他人共享材质库。

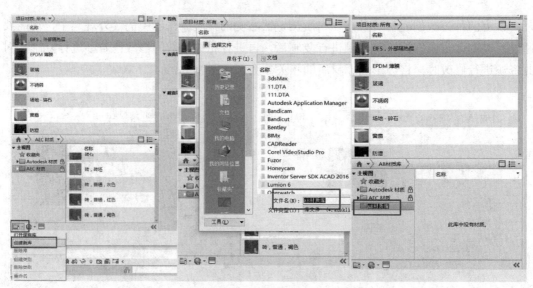

图 3-7 创建新材质库

3.1.2 对象样式

对象样式，为项目中不同类别和子类别的模型图元、注释图元和导入对象指定线宽、线颜色、线型图案和材质。对象样式的设置是项目级别的，若针对某个视图的设置，可通过视图中"可见性/图形替换"功能实现。如图 3-8 所示，选择"管理"选项卡中"设置"面板中的"对象样式"，打开"对象样式"对话框。

图 3-8 打开对象样式对话框

如图 3-9 所示，在对象样式对话框中点击上端不同按钮，可在模型对象、注释对象、

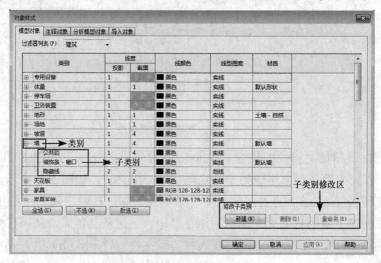

图 3-9 对象样式对话框内容

分析模型对象和导入对象之间切换。模型对象中由不同的类别和子类别组成，为便于查找可通过过滤器列表，按不同的专业进行筛选，可通过修改子类别对子类别进行新建、删除和重命名等操作，也可对线宽、线颜色、线型图案和材质按需进行设置，其中材质的选择和创建详见 3.1.1 节相关内容。注释对象、分析模型对象和导入对象的功能与模型对象类似，其中注释对象因自身图元特点，不含材质修改内容。

3.2　捕捉、项目信息

3.2.1　捕捉

捕捉，此功能用于指定捕捉增量，以及启用或禁用捕捉点，可在放置图元或绘制线时，使用对象捕捉与现有几何图元对齐，通过启用或禁用捕捉、定义捕捉增量及使用键盘快捷键和跳转捕捉等功能来提高工作效率。该功能的相关设置在操作期间会一直保留，应用于操作中所有打开的文件，但是不与项目一起保存。如图 3-10 所示，选择"管理"选项卡内"设置"面板中的"捕捉"，打开"捕捉"对话框。

图 3-10　打开捕捉对话框

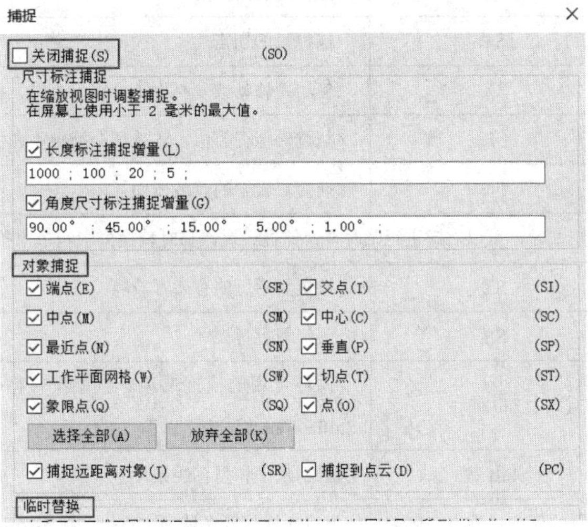

图 3-11　捕捉对话框内容

如图 3-11 所示，"捕捉"对话框列出了为对象捕捉所定义的键盘快捷键。如果使用"键盘快捷键"对话框更改默认快捷键，"捕捉"对话框会显示新的快捷键，单击"恢复默认"可随时将捕捉设置重设为系统默认设置。具体的功能、键盘默认快捷键及相关说明详见表 3-1。

捕捉对话框内容说明　　　　表 3-1

功能名称	键盘默认快捷键	说明
关闭捕捉	SO	禁用所有的捕捉设置。清除复选框以启用捕捉
尺寸标注捕捉：选中复选框来启用捕捉增量，或清除复选框以将其禁用		
长度尺寸标注捕捉增量	无	用于在由远到近放大视图时，对基于长度的尺寸标注指定捕捉增量。用分号分隔增量值
角度尺寸标注捕捉增量	无	用于在由远到近放大视图时，对角度标注指定捕捉增量。用分号分隔增量值
对象捕捉：选中复选框以启用指定对象捕捉，或清除复选框以将其禁用		
端点	SE	捕捉图元的端点
中点	SM	捕捉图元的中点 当放置诸如窗、门或洞口等墙附属件时，可以使用中点替换
最近点	SN	捕捉最近的图元。如果禁用"最近点"对象捕捉，软件可以跳转捕捉到端点、中点和中心。跳转捕捉是屏幕上距光标 2mm 之外的捕捉点
工作平面网格	SW	捕捉工作平面网格
象限点	SQ	捕捉象限点。对于弧，启用跳转捕捉
交点	SI	捕捉交点
中心	SC	捕捉弧的中心
垂足	SP	捕捉垂直的图元
切点	ST	捕捉弧的切点
点	SX	使用"移动或复制"工具编辑点时，捕捉场地点
捕捉远距离对象	SR	与跳转捕捉类似，该选项会捕捉不在图元附近的对象
捕捉点云	PC	捕捉点云中的点或表面
临时替换：在放置图元或绘制线时，可以右键进行临时替换捕捉设置，临时替换只影响单个拾取		
关闭	SZ	捕捉到附近的有效开放环
关闭替换	SS	关闭捕捉替换
循环捕捉	Tab 键	循环可用的捕捉选项。若要反转循环切换捕捉时的方向，请按 Shift + Tab 组合键
强制水平和垂直	Shift 键	强制水平和垂直的条件
跳转捕捉是离开当前光标位置的任意捕捉点。例如，如果将光标放置在墙的中点上，跳转捕捉会显示在墙的端点处		

3.2.2　项目信息

　　项目信息，用于指定一个项目的能量数据、项目状态和客户信息，需要根据项目环境来进行设置，不同项目有不同的项目信息，此处设置的某些项目信息可显示在明细表中和图纸的标题栏中。如图 3-12 所示，选择"管理"选项卡内"设置"面板中的"项目信息"，打开"项目信息"对话框。

图 3-12　打开项目信息对话框

如图 3-13 所示，在"项目信息"对话框中，可以看到项目信息是一个系统族，同时包含了"标识数据"选项卡、"能量分析"选项卡和"其他"选项卡。常用的为"标识数据"选项卡和"其他"选项卡，在这两个选项卡中可对组织名称、组织描述、建筑名称、作者、项目发布日期、项目状态、客户姓名、项目地址、项目名称、项目编号以及审定等相关内容进行设置。

图 3-13　项目信息对话框

如图 3-14 所示，在"项目信息"对话框中，单击"能量分析"选项卡下的"编辑"按钮，打开"能量设置"对话框。在"能量设置"对话框中，单击"高级"选项卡下的"编辑"按钮，打开"高级能量设置"对话框。

在"能量设置"对话框的"能量分析模型"选项卡下，可以对模式、地平面、工程阶段、分析空间分辨率、分析表面分辨率、周边区域深度及周边区域划分等内容进行设置，各功能的概念可查看软件 Revit 2018 的帮助文件，这里不做过多的介绍。

在"高级能量设置"对话框中包含"详图模型"选项卡、"建筑数据"选项卡、"房间/

空间数据"选项卡及"材质热属性"选项卡，可以对目标玻璃百分比、目标天窗百分比、建筑类型、建筑运行时间表、HVAC 系统、新风信息、导出类别、概念类型、示意图类型及详细图元等内容进行设置，其中新风信息和概念类型还可以通过"编辑"按钮进行更详细的设置，各功能的概念可查看软件 Revit 2018 的帮助文件，这里不做过多的介绍。

图 3-14　能量设置和高级能量设置对话框

3.3　参数、项目单位

3.3.1　参数

参数，用于定义和修改图元，以及在标记和明细表中传达模型信息，存储和传达有关模型中所有图元的信息，为项目或者项目中的任何图元或构件类别创建自定义参数。如图 3-15 所示，常用的参数类型有"项目参数"、"共享参数"、"全局参数"以及在族中用到的族参数，选择"管理"选项卡中"设置"面板里的"项目参数"，打开"项目参数"对话框。

图 3-15　参数类型及打开项目参数对话框

在"项目参数"对话框中点击"添加"可新建项目参数，点击"修改"可对原有项目参数进行修改，两种方式点击后都可打开"参数属性"对话框。

如图 3-16 所示，在"项目参数"对话框中点击"添加"打开"参数属性"对话框时，可在"参数属性"对话框左侧完成所需参数的设置，并通过选择右侧所需图元类别完成对应图元的参数定义和修改。在左侧"参数类型"中可以通过"项目参数"和"共享参数"两种方式完成参数的设置。选择"项目参数"时，需要在"参数数据"下通过名称、规程、参数类型、参数分组方式及类型/实例完成参数设置；选择"共享参数"时，需要通过点击"选择"按钮，通过选择已有共享参数或新建共享参数来完成参数设置，此时"参数数据"下，仅参数分组方式、类型/实例可进行设置。

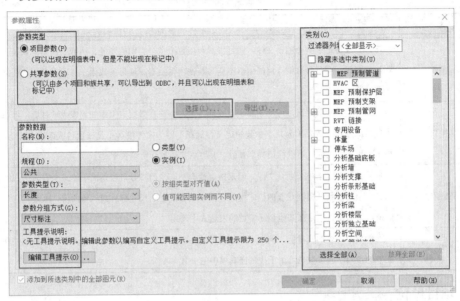

图 3-16　参数属性对话框（一）

　　如图 3-17 所示，参照"项目参数"对话框的打开方法，可打开"共享参数"和"全局参数"对话框。共享参数按创建—组新建—参数新建的顺序完成参数的设置；全局参数

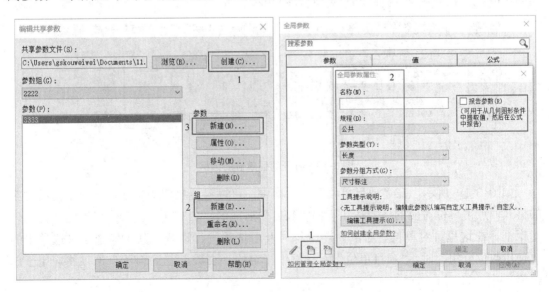

图 3-17　参数属性对话框（二）

通过左下角的"新建全局参数"按钮打开"全局参数属性"对话框，通过相应选择完成参数设置，特别注意的是此处可勾选"报告参数"以生成报告参数，报告参数是一种参数类型，其值由族模型中的特定尺寸标注来确定，报告参数可从几何图形条件中提取值，然后使用它向公式报告数据或用作明细表参数。

参数常用的几种类型的定义和特点如表 3-2 所示。

参数类型定义和特点 表 3-2

参数类型	定义和特点
项目参数	项目参数特定于某个项目文件。通过将参数指定给多个类别的图元、图纸或视图，系统会将它们添加到图元。项目参数中存储的信息不能与其他项目共享。项目参数用于在项目中创建明细表、排序和过滤
共享参数	共享参数是参数定义，可用于多个族或项目中。将共享参数定义添加到族或项目后，可将其用作族参数或项目参数。因为共享参数的定义存储在不同的文件中（不是在项目或族中），因此受到保护不可更改。因此，可以标记共享参数，并可将其添加到明细表中
全局参数	全局参数特定于单个项目文件，但未指定给类别。全局参数可以是简单值、来自表达式的值或使用其他全局参数从模型获取的值。使用全局参数值来驱动尺寸标注或约束的值，或是报告尺寸标注的值，从而使该值可在其他全局参数的表达式中使用
族参数	族参数控制族的变量值，例如，尺寸或材质。它们特定于族。通过将主体族中的参数关联到嵌套族中的参数，族参数也可用于控制嵌套族中的参数

3.3.2 项目单位

项目单位，用于指定度量单位的显示格式，通过选择一个规程和单位，指定用于显示项目中单位的精确度（舍入）和符号。如图 3-18 所示，选择"管理"选项卡内"设置"面板中的"项目单位"，打开"项目单位"对话框。

图 3-18 打开项目单位对话框

如图 3-19 所示，在"项目单位"对话框中，可以设置相应规程下每一个单位所对应的格式。点击单位对应的格式按钮（如"长度"后面的"1235［mm］"），可弹出"格式"对话框，在这里可对单位、舍入、单位符号及可选项进行设置，其中勾选了可选项中的"使用数位分组"时，"项目单位"对话框中指定的"小数点/数位分组"选项将应用于单位值。

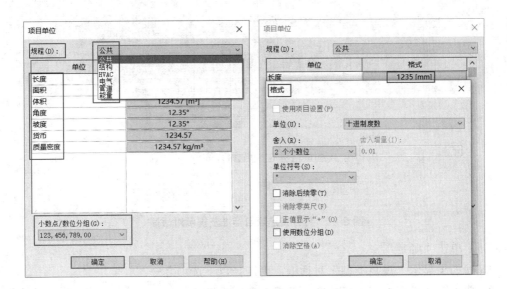

图 3-19　项目单位及格式对话框

3.4　传递项目标准、清除未使用项

3.4.1　传递项目标准

传递项目标准，用于将选定的项目设置从一个打开的项目复制到当前项目。项目标准包括以下各项：

① 族类型（包括系统族，而不是载入的族）；

② 全局参数（传输的与目标项目中全局参数名称相同的全局参数将添加一个数字［1］避免重复）；

③ 线宽、材质、视图样板和对象样式；

④ 机械设置、管道和电气设置；

⑤ 标注样式、颜色填充方案和填充样式；

⑥ 打印设置。

可以指定要复制的标准。传递中将包括复制的对象所引用的任何对象。例如，如果选择一种墙类型，但忘记复制其材质时，Revit 会复制它。

如图 3-20 所示，在"管理"选项卡内"设置"面板中可找到"传递项目标准"，单击会弹出提示对话框，不能进行后续操作，这是因为没有打开对应的项目。

此功能的正确操作步骤如下：

（1）打开源项目和目标项目。

（2）在目标项目中，单击"管理"选项卡中的"设置"面板的 按键（传递项目标准）。

（3）在"选择要复制的项目"对话框中，选择要从中复制的源项目。

（4）选择所需的项目标准。要选择所有项目标准，请单击"选择全部"。

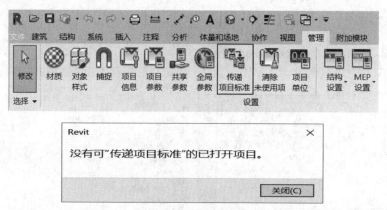

图 3-20　打开传递项目标准及提示对话框

（5）单击"确定"。

（6）如果显示"重复类型"对话框，可选择以下选项之一：

① 覆盖：传递所有新项目标准，并覆盖复制类型。

② 仅传递新类型：传递所有新项目标准，并忽略复制类型。

③ 取消：取消操作。

当使用"传递项目标准"工具时，需考虑以下事项：

（1）当系统族依赖于其他系统族时，所有相关的族都必须同时传递，以便使其关系保持不变。例如文本类型和标注样式使用箭头，则文本类型、标注样式和箭头必须同时传递。

（2）视图样板和过滤器必须同时传递才能保持其关系。

（3）假设希望将视图样板和过滤器从源项目传递到目标项目。如果目标项目包含具有相同名称的视图样板和过滤器，请将其删除，然后再从源项目传递这些项目。此预防措施可以避免出现潜在问题。

（4）以下项目不在项目之间传递：

① 立面视图类型；

② 剖面视图类型；

③ Revit 链接的可见性设置。

【注】 若需要在目标项目中复制这些类型，可根据需要手动设置属性。

3.4.2　清除未使用项

清除未使用项，用于从项目中移除未使用的视图、族和其他对象，以提高性能，并减小项目文件大小。在清除未使用的对象之前，建议创建备份项目文件。如图 3-21 所示，选择"管理"选项卡内"设置"面板中的"清除未使用项"，打开"清除未使用项"对话框。

"清除未使用项"对话框将列出可以从当前项目中删除的视图、族和其他对象。默认情况下，将选中所有未使用对象进行清除。选中或取消选中复选框可指示要从项目中清除的对象。该工具不允许清除使用的对象，或具有从属关系的对象。要从当前项目中清除所有选中的对象，请单击"确定"按钮，对话框下方会有选中项目数的统计。

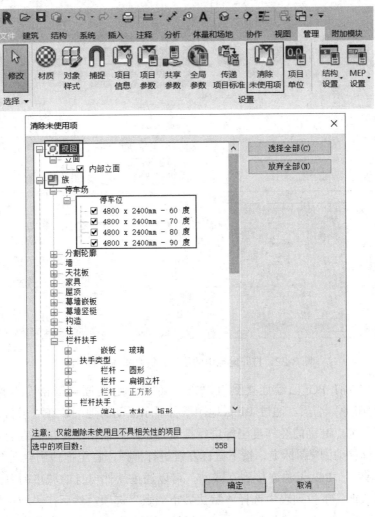

图 3-21　打开清除未使用项及对话框

提示：如果项目启用了工作集，则所有工作集必须打开才能使用此工具。

3.5　项目地点、项目方向

3.5.1　项目地点

项目地点，用于指定项目的地理位置，可以使用"Internet 映射服务"，通过搜索项目位置的街道地址或者项目的经纬度来直观显示项目位置。在为日光研究、漫游和渲染图像生成阴影时，该适用于整个项目范围的设置将非常有用。该位置也是提供气象信息的基础，在能量分析期间将会使用这些气象信息。对于建筑系统工程师，气象信息还直接影响项目的加热和制冷需求。如图 3-22 所示，选择"管理"选项卡内"项目位置"面板中的"地点"，打开"位置、气候和场地"对话框。

通过"位置"选项卡下"定义位置依据"不同的选择，可通过不同方式确定项目位置：

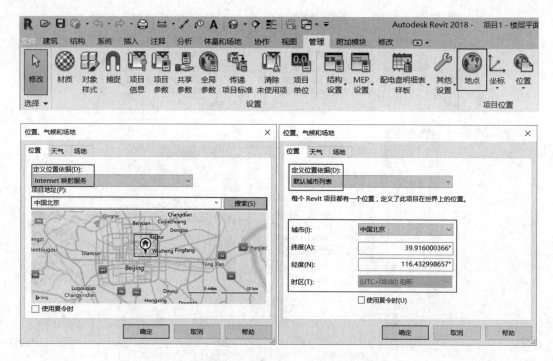

图 3-22　打开地点中的位置、气候和场地对话框

（1）如果当前 PC 已经连接到互联网，可在"定义位置依据"下拉列表中选择"Internet 映射服务"选项，通过 Bing 地图服务显示互动的地图。在"项目地址"处可键入地点名称或是地点准确的经纬度坐标进行搜索定位。如需精确定位到当前城市的具体位置，可以将光标移动到 图标上，按下鼠标左键进行拖拽，直至拖拽到合适的位置。

（2）如果当前 PC 无法连接到互联网，可以通过软件自身的城市列表来进行选择。在"定义位置依据"下拉列表中选择"默认城市列表"选项，然后在"城市"列表中选择所在的城市。同样，也可以直接输入城市的经纬度值来指定项目的位置。

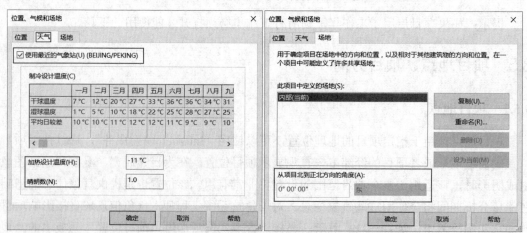

图 3-23　位置、气候和场地对话框—天气和场地选项卡

如图 3-23 所示，在"位置、气候和场地"对话框中，切换至"天气"选项卡，可以

看到由最近一个气象站所提供的相应气象信息，验证了项目位置对应的"制冷和加热设计温度"和"晴朗数"，设计人员可按需进行调整，此时需要取消勾选"使用最近的气象站"，然后根据需要替换默认值。切换至"场地"选项卡，左下方显示从项目北到正北方向的角度。

3.5.2　项目方向

在 Revit 中有两种项目方向，一种为"正北"，另一种是"项目北"，所有模型都有以上 2 种北方向。"正北"是绝对的正南北方向，"项目北"通常基于建筑几何图形的主轴，通常将项目北与绘图区域顶部对齐。如图 3-24 所示，以项目北和正北开始的所有模型都会与绘图区域的顶部对齐，根据项目实际情况调整后，模型已经旋转到正北方向，通过场地平面视图中的测量点△和项目基点⊗相对位置进行区分。通常情况下，"场地"平面视图采用的是"正北"方向，而其余楼层平面视图采用的是"项目北"方向。

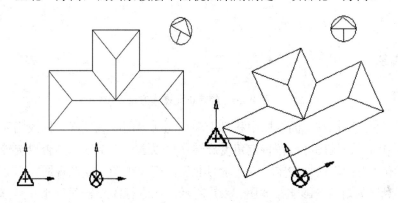

图 3-24　项目北与正北的区别

当建筑的方向不是正的南北方向时，通常在图纸上不易表现为成角度的、反映真实南北的图形，此时可以通过将项目方向调整为"项目北"，而达到使建筑模型具有正南北布局效果的图形表现。按照如图 3-25 所示，选择"管理"选项卡内"项目位置"面板中的"位置"，点击下拉菜单可对相关功能进行选择。

图 3-25　打开位置下拉菜单

旋转正北，可以相对于"正北"方向修改项目的角度。如图 3-26 所示，在进行旋转正北操作前，在"项目浏览器"中单击"场地"平面视图，在"属性"面板中将"方向"设置为"正北"，然后选择"管理"选项卡内"项目位置"面板中的"位置"，点击下拉菜单选择"旋转正北"命令，在选项栏"从项目到正北方向的角度"中输入所需角度，选择所选方向，然后按 Enter 键确认。确定角度的操作还可以通过图形方式将模型旋转到"正北"，具体为选择显示在模型中心的旋转控件，并将其拖放到参考位置，沿该参考位置单击以表示"正北"方向，向应用程序窗口顶部的方向再次单击完成操作。

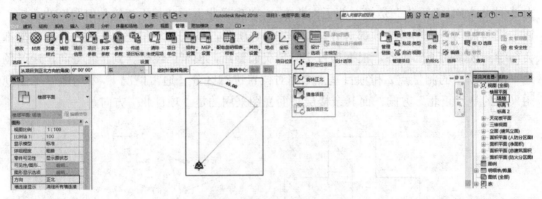

图 3-26　旋转正北操作方法

旋转项目北，可以在平面视图中相对于项目北（绘图区域顶部）修改图元的关系。模型图元和详图图元在绘图区域按特定角度旋转（可以选择文字注释是否也旋转）。"旋转项目北"会影响"方向"属性被定义为"项目北"的平面视图，绘图视图、平面视图详图索引或其他类型视图则不受影响。如图 3-27 所示，在进行"旋转项目北"操作前，确认在"属性"面板中将"方向"设置为"项目北"，然后选择"管理"选项卡内"项目位置"面板中的"位置"，点击下拉菜单选择"旋转项目北"命令，打开"旋转项目"对话框。[1]

对于"旋转项目"对话框中的"旋转期间保留文字注释的方向"，若文字注释应保持定向到视图，选择该选项；若文本注释随模型旋转，则清除该选项。如果想要以除 90°或 180°外的其他角度旋转项目，需选择"对齐选定直线或平面"，在视图中，选择要用于旋转的参照平面（需提前绘制）或现有直线。是否按需求完成了"旋转项目北"操作，可通过"管理"选项卡内"项目位置"面板中的"地点"，打开"位置、气候和场地"对话框，查看"场地"选项卡左下方的"从项目北到正北方向的角度"通过旋转前后角度值进行判断。

此外，下面将对"管理"选项卡内"项目位置"面板中的"位置"下拉菜单中的"重新定位项目"和"镜像项目"命令做简单介绍。

"重新定位项目"是指相对于测量坐标系移动模型，使用方法与移动工具类似，在视图中以图形方式移动项目，在模型中，坐标会更新以反映项目基点和测量点之间邻近关系的更改。

---

[1] 全国 BIM 技能等级考试（一级）第七期第一题

图 3-27 旋转项目北操作方法

"镜像项目"是指围绕选定轴，通过反射模型图元和注释的位置，对模型进行重定位。在创建项目镜像时，会对其中所有的模型图元、视图和注释创建镜像，必要时注释的方向将保留不变。

3.6 项目基点、测量点

每个项目都有项目基点⊗和测量点△，但是由于可见性设置和视图裁剪，它们不一定在所有的视图中都可见。这两个点是无法删除的，在"场地"视图中默认显示"测量点"和"项目基点"，如果项目基点⊗和测量点△位于相同的位置，则显示为 ⧆。

默认情况下，项目基点和测量点仅显示在场地平面视图中，可以根据需要在其他视图中设置为可见。如图 3-28 所示，在需要设置可见的视图内，单击"视图"选项卡内"图形"面板中"可见性/图形"，弹出"可见性/图形替换"对话框（快捷键 VV），在"可见性/图形替换"对话框的"模型类别"选项卡中找到"场地"并将其展开，在此处可对"项目基点"和"测量点"的可见性进行设置。

图 3-28　项目基点和测量点可见性设置方法

3.6.1　项目基点

项目基点定义了项目坐标系的原点（0，0，0）。此外，项目基点还可以用于在场地中确定建筑的位置以及定位建筑的设计图元。参照项目坐标系的高程点坐标和高程点，将相对于此点显示相应数据。

如图 3-29 所示，在"场地"视图中单击"项目基点"，在"数据标识"下的"北/南"和"东/西"中输入所需数值，可完成"项目基点"的移动；为了防止因为误操作而移动了项目基点，可以在选中该点后，切换到"修改|项目基点"选项卡，然后单击"修改"面板中的"锁定"按钮 固定项目基点。

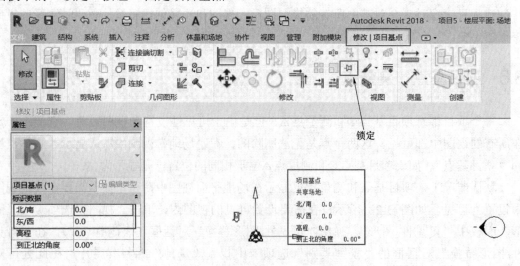

图 3-29　项目基点移动和锁定方法

3.6.2　测量点

　　测量点代表现实世界中的已知点（如大地测量标记或 2 条建筑红线的交点），可用于在其他坐标系（如在土木工程应用程序中使用的坐标系）中确定建筑几何图形的方向。

　　如图 3-30 所示，在"场地"视图中单击"测量点"，在"数据标识"下的"北/南"和"东/西"中输入所需数值，可完成"测量点"的移动；为了防止因为误操作而移动了测量点，可以在选中点后，切换到"修改|测量点"选项卡，然后单击"修改"面板中的"锁定"按钮固定测量点。

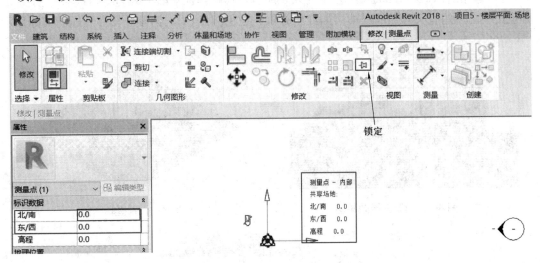

图 3-30　测量点移动和锁定方法

第 4 章　绘制标高、轴网

本章开始，将以图 4-1～图 4-4 所示的一个独栋别墅及室外构筑物为案例，详细介绍 Revit 2018 软件各项功能的使用方法（完整图纸可通过扫描封面下的二维码获取）。本章之后正文中出现的有关颜色的描述（如红色方框、蓝色圆点等），请参照软件界面的实际显示。

图 4-1　别墅三维效果图

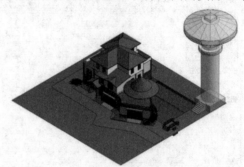

图 4-2　别墅鸟瞰图

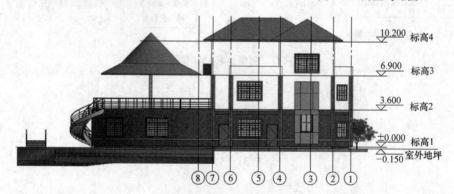

图 4-3　别墅北立面视图

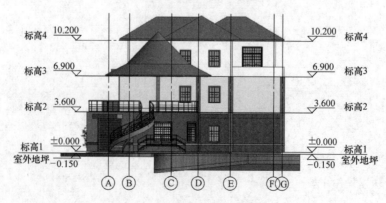

图 4-4　别墅东立面视图

4.1 打开、新建和保存

4.1.1 打开、新建项目

点击"文件"—"打开"命令，即可打开项目文件、族文件等，同样也可以通过点击项目或族下面的"打开"命令实现，如图 4-5 所示。

图 4-5 打开文件

点击"文件"—"新建"命令，即可新建项目文件、族文件、概念体量、标题栏、注释符号等，同样也可以通过点击项目下面的"新建"命令或族下面的"新建"、"新建概念体量"实现，如图 4-6 所示。可以直接在"新建项目"对话框中点选"构造样板"、"建筑样板"、"结构样板"、"机械样板"选择相应样本文件，也可点击"浏览"选择样板文件，如图 4-7 所示。

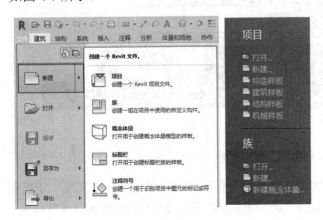

图 4-6 新建文件图

图 4-7 样板选择

4.1.2　项目保存

点击"文件"—"保存"或快速访问工具栏中的"保存"按钮，即可保存项目文件。点击对话框中的"选项"按钮，即可弹出"文件保存选项"对话框，可以设置备份文件的最大数量以及与文件保存相关的其他设置，备份文件的最大数量默认值为 20，如图 4-8 所示。将项目文件保存为"独栋别墅练习"。

图 4-8　文件保存选项

4.2　创建标高

各个平面的不同标高如图 4-9 所示，下面以南立面为例，介绍创建标高的方法。

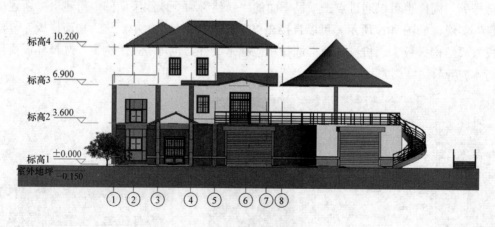

图 4-9　南立面示意图

"标高"命令须在立面和剖面视图中才能使用，在项目浏览器中展开"立面（建筑立面）"，双击视图名称进入相应立面，双击"南"进入南立面，如图 4-10 所示。调整标高 2 标高，将标高 1 与标高 2 之间的间距修改为 3600mm，如图 4-11 所示。

图 4-10 选择南立面

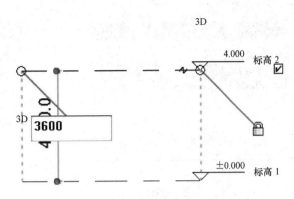

图 4-11 修改标高 1 与标高 2 的间距

切换到"建筑"选项卡，单击"基准"面板中的"标高"按钮，即可绘制标高线。在绘制标高线时，标高线的头和尾可以相互对齐，选择与其他标高线对齐的标高线时，会出现一条虚线，同时将会出现一个锁以显示对齐。绘制标高 3，调整标高 2 和标高 3 的间距为 3300mm，如图 4-12 所示。

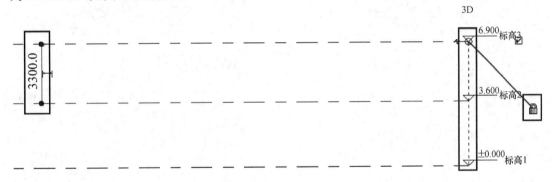

图 4-12 绘制标高 3

默认情况下，选项栏上的"创建平面视图"处于选择状态，如图 4-13 所示，故默认情况下所创建的每一个标高均创建一个楼层平面及对应的天花板平面和结构平面。

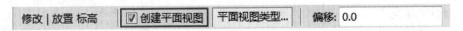

图 4-13 标高绘制选项栏

如果取消了"创建平面视图"选项，则标高是非楼层的标高，软件不创建关联的平面视图。单击选项栏上的"平面视图类型"，则可以选择创建"平面视图类型"中指定的视图，如图 4-14 所示。当然也可以通过"视图"选项卡中的"平面视图"下拉按钮选择创建相应的平面视图，如图 4-15 所示。

利用"复制"命令，创建室外地坪标高和标高 4。选择"标高 3"，单击"修改|标高"选项卡内"修改"面板中的"复制"命令。选项栏勾选"约束"、"多个"，移动光标单击

"标高 3"，垂直向上移动光标，输入 3300，按 Enter 键确认后复制新的标高，继续向下移动光标，输入 10350 后按 Enter 键复制另外一个标高，结果如图 4-16 所示。

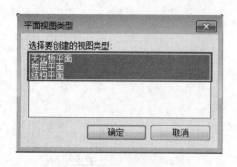

图 4-14　平面视图类型

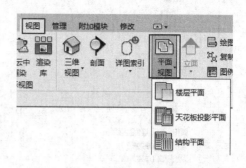

图 4-15　创建平面视图

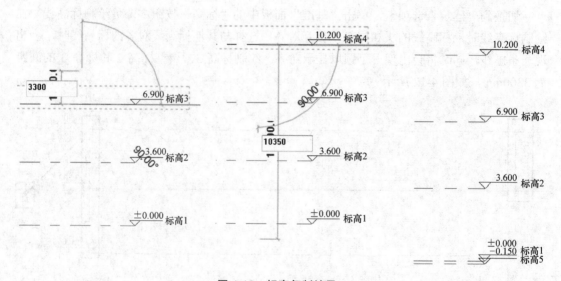

图 4-16　标高复制结果

4.3　编辑标高

4.3.1　修改标高

标高可以在绘制前进行修改，也可以对绘制完成的标高进行修改。选择"标高 5"，单击标签框，输入新的标签"室外地坪"，选择"室外地坪"标高线，在类型选择器中选择"下标头"，完成对标高名称及样式的修改，如图 4-17 所示。

4.3.2　创建楼层平面

单击"视图"选项卡，选择"创建"面板中的"平面视图"下拉列表，选择"楼层平面"，选择"标高 4"，创建标高 4 的楼层平面视图，如图 4-18 所示。

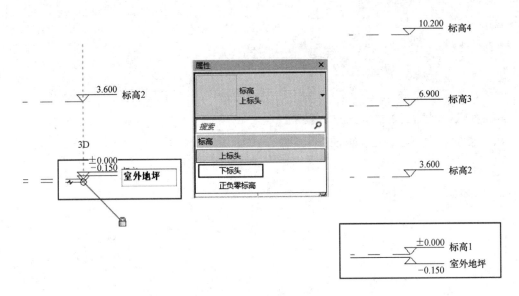

图 4-17 修改标高

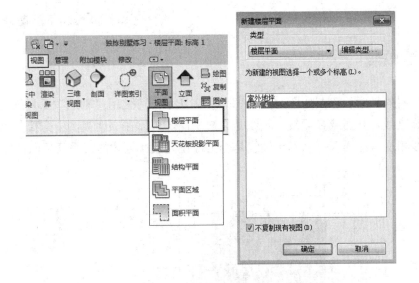

图 4-18 创建楼层平面视图

4.3.3 自定义标高

选择一条标高线,软件自动切换到"修改|标高"选项卡,单击"属性对话框"中的"编辑类型"按钮,在"类型属性"对话框中,可以对标高的线宽、颜色、线型图案、符号、端点处的默认符号等进行设置,如图 4-19 所示。控制标高编号是否在标高的端点显示,可以通过修改类型属性对特定类型的所有标高执行此操作,也可对视图中的单个标高执行此操作。

要显示或隐藏单个标高编号,只需选择该标高,软件会在该标高编号附近显示一个复选框,勾选该复选框显示标头、清除该复选框隐藏标头,如图 4-20 所示。

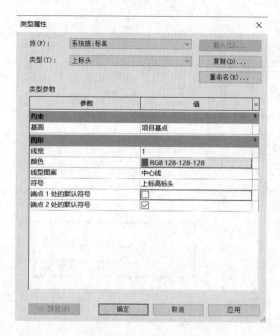

图 4-19　自定义标高

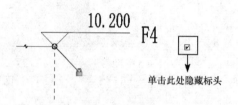

图 4-20　显示和隐藏标高编号

4.4　创建轴网

　　各个楼层的平面示意图如图 4-21～图 4-23 所示，可使用"轴网"工具放置轴网线，轴网可以是直线、圆弧或多段线。轴线是有限平面，可以在立面视图中拖拽其范围，使其不与标高线相交，这样便可以确定轴线是否出现在为项目创建的每个新平面视图中。

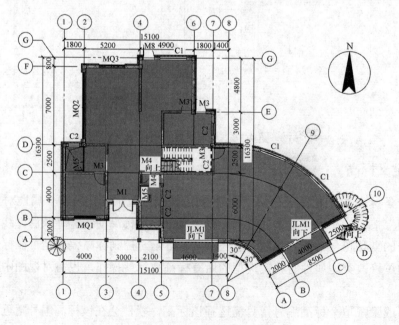

图 4-21　一层平面示意图

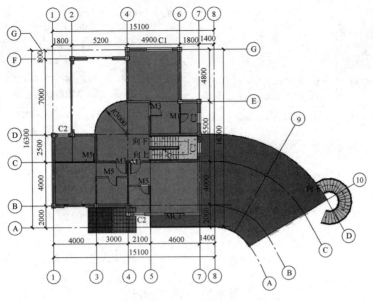

图 4-22 二层平面示意图

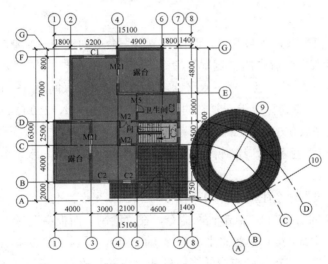

图 4-23 三层平面示意图

4.4.1 自定义轴网

在项目浏览器中双击"楼层平面"下的"标高 1",打开首层平面视图。选择"建筑"选项卡内"基准"面板中的"轴网"命令,在"属性对话框"中即可选择轴网类型或单击"编辑类型"按钮,打开"类型属性"对话框,自定义轴网。可以对轴网的符号、轴线中段、轴线末段宽度、轴线末段颜色、填充图案、平面视图轴号端点等进行设置。

为统一标准,方便信息共享及协同设计等信息交换,建议对相关命名规定进行规范,在"类型属性"对话框中点击"复制",命名为"轴网_红色_双标头",选择轴线中段为连续、轴线末段颜色为红色(颜色显示只参照软件实际显示,后同)、轴线末段填充图案为点画线、勾选平面视图轴号端点 1 和端点 2,如图 4-24 所示。

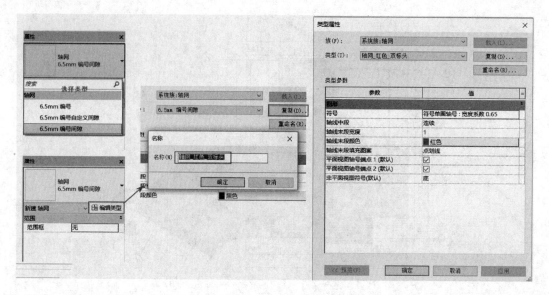

图 4-24　自定义轴网

4.4.2　生成轴网

绘制第一条垂直轴线，轴号为 1，利用"复制"命令创建 2~8 号轴网。单击选择 1 号轴线，点击"修改"面板中的"复制"命令，选项卡中勾选"约束"、"多个"，鼠标光标在 1 号轴线上单击任意一点，然后水平向右移动光标，输入间距 1800 后按 Enter 键复制成功 2 号轴线。保持光标位于新复制的轴线右侧，分别输入 2200、3000、2100、2800、1800、1400，复制完成 3~8 号轴线。

以 8 轴上同一点为起点，绘制斜向的轴网 9 轴、10 轴，与水平方向的夹角分别为 60°、30°。

用轴网的"多段"命令生成字母轴，以 8 轴与 9 轴交点为准，绘制参照平面（偏移量设置为 3650，由左向右绘制），点击轴网命令，在"绘制"面板中选择"多段"，先在 1~8 轴之间绘制一段直线（终点为参照平面与 8 轴交点），再以"圆心-端点弧"绘制一段弧线，再绘制一段直线，选择绘制完成的多段轴线，将轴号改为"A"，完成 A 轴绘制，如图 4-25 所示。

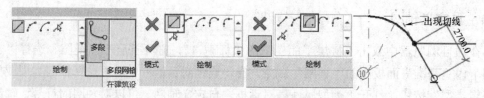

图 4-25　绘制多段轴网

继续用"多段"绘制轴网，选择"绘制"面板的"拾取线"命令，在偏移处输入 2000，绘制 B 轴。同样的方式绘制 C 轴、D 轴，偏移量分别为 4000mm、2500mm。用直线方式画 E、F、G 轴网，间距分别为 3000mm、4000mm 和 800mm。完成后的轴网如图 4-26 所示。

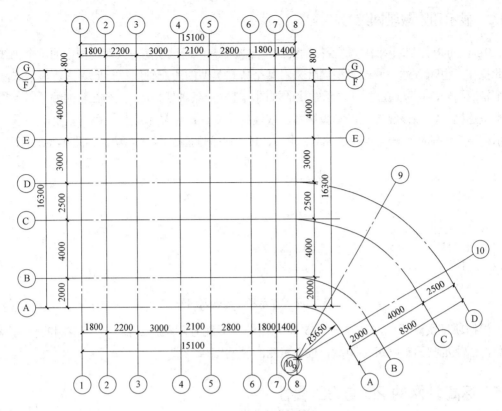

图 4-26 初步完成的轴网

4.5 编辑轴网

4.5.1 轴线从其编号偏移

有时绘制轴线时需要将该轴线的编号从其他轴线偏移，可选择现有的轴线，在靠近编号的线端有拖拽控制柄，单击"添加弯头"图标，然后将控制柄拖拽到合适的位置，即可将编号从轴线中移动到合适的位置，通过拖拽编号所创建的线段为实线，如图 4-27 所示。上述操作的效果只在本视图中显示，若想在其他视图中起作用，可以使用"影响范围"功能，将在后续章节介绍。

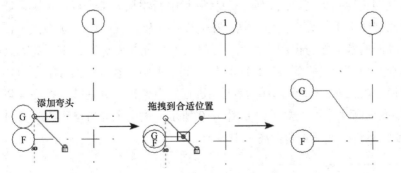

图 4-27 轴线从其编号偏移

57

4.5.2　显示和隐藏轴网编号

Revit 可以控制轴网编号是否在轴线的端点显示。可通过绘图方式对视图中的单个轴线执行此操作，也可以通过修改类型属性来对某个特定类型的所有轴线执行此操作。显示或隐藏单个轴网编号，可以通过打开显示轴线的视图，选择一条轴线，Revit 会在轴网编号附近显示一个复选框。清除该复选框以隐藏编号，或选中该复选框以显示编号。可以重复此步骤，以显示或隐藏该轴线另一端点上的编号。将 9、10 轴下侧的轴网编号隐藏，如图 4-28 所示。

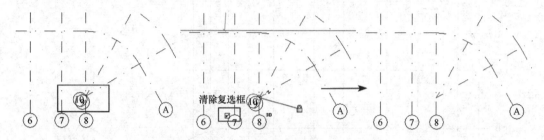

图 4-28　显示和隐藏轴网编号

根据项目实际情况，将 3 轴、5 轴北侧的轴网编号隐藏，2 轴、6 轴南侧的轴网编号隐藏，E 轴西侧的轴网编号隐藏，F 轴东侧的轴网编号隐藏。

4.6　标高轴网的 2D 与 3D 属性

标高、轴网绘制完成后，会在相关视图中显示，且在任何一个视图中修改都会影响到其他视图中。但经常会出现不一致的情况，如商住建筑中商业层与住宅标准层的轴网长度就因单层建筑面积的不同而不同，须在不同的视图中显示不同的标高和轴网样式。为解决这些问题，Revit 提供了 2D/3D 属性。如图 4-29，选中某标高即会显示 3D 字样，则此时所有平面视图里标高轴网的端点同步联动。单击"3D"即可将标高切换到 2D 属性，这时拖拽标头改变标高轴网线的长度后，只改变当前视图的端点位置，其他视图将不会受到影响。选择标高或轴网后出现的小锁标识，代表的是创建或删除长度或对齐约束，可利用其特性完成单个或部分标高、轴网移动，结合 2D/3D 属性可实现单个视图或多个视图中标高、轴网的移动。

先绘制轴网再绘制标高，或者是在项目进行中新添加了某个标高，则可能轴网在新添加标高的平面视图中不可见。其原因是：在立面上，轴网在 3D 显示模式下需要和标高视图相交，即轴网的基准面与视图平面相交，则轴网才能在此标高的平面视图上可见。

根据本别墅项目的最终效果，1 轴可不在标高 4 中出现，8 轴可不在标高 4 和标高 3 中显示。切换至南立面，选择 1 轴，将上端进行约束解锁，并拖拽至标高 4 以下，切换至标高 4，1 轴在标高 4 中不再显示，如图 4-30 所示。采用上述方法可以将 8 轴拖拽至标高 3 以下，8 轴将不会在标高 4 和标高 3 中显示。[2]

---

[2] 全国 BIM 技能等级考试（一级）第三期第一题

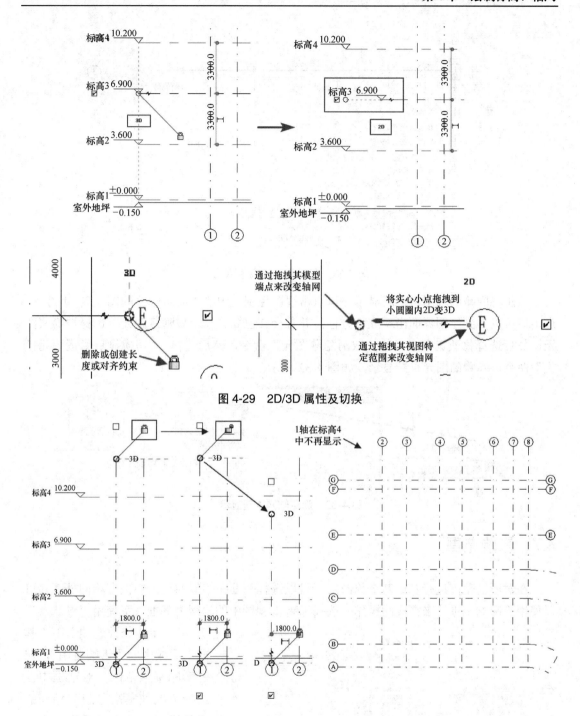

图 4-29 2D/3D 属性及切换

图 4-30 调整轴网在标高中的显示

除上述方法外，若想轴网在对应标高内不再显示，还可以通过隐藏图元命令来实现。切换至标高 4，选择 1 轴，点击右键选择"在视图中隐藏"中的"图元"，如图 4-31 所示，完成后 1 轴在标高 4 中不再显示，而在其他标高中无影响。采用上述方法可以将 8 轴在标高 4 和标高 3 中不进行显示。

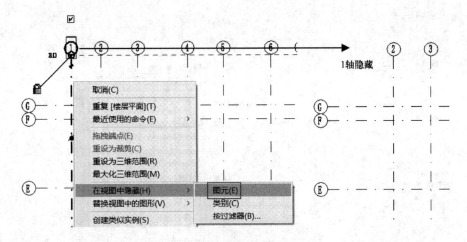

图 4-31　将轴网在标高中隐藏

　　若想将隐藏的轴网再重新显示，可点击视图控制栏中的"显示隐藏的图元"（小灯泡），点击后可以看到绘图界面出现红色方框，并且会红色高亮显示被隐藏图元，选择被隐藏图元，然后选择修改选项卡上的"取消隐藏图元"命令，然后选择 "切换显示隐藏图元模式"命令，隐藏的图元重新显示，如图 4-32 所示。

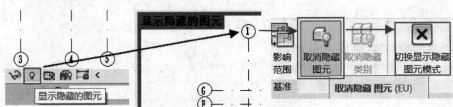

图 4-32　隐藏轴网重新显示

4.7　影响范围

　　在对所需范围进行二维基准修改后，可以选择基准在相似的视图中拥有相同外观。可以使用"影响范围"来完成此操作。选择标高 1 视图中的轴网为基准（可使用"过滤器"工具），单击修改选项卡下"基准"面板中的"影响范围"，在"影响基准范围"对话框中，选择需要使基准看起来相同的平行视图，包括"楼层平面：标高 2"、"楼层平面：标高 3"、"楼层平面：标高 4"，然后单击"确定"，标高 2、标高 3、标高 4 的轴网样式已与标高 1 的一致，如图 4-33 所示。

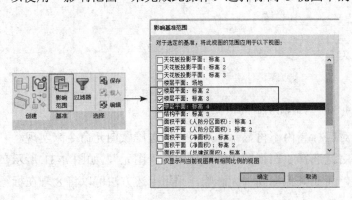

图 4-33　影响基准范围

4.8 尺寸标注

尺寸标注在项目中显示测量值。尺寸标注在"注释"选项卡的"尺寸标注"面板中。有临时尺寸标注和永久性尺寸标注两种尺寸标注类型。临时尺寸标注是当放置图元、绘制线或选择图元时在图形中显示的测量值。在完成动作或取消选择图元后，这些尺寸标注会消失。永久性尺寸标注是添加到图形以记录设计的测量值。它们属于视图专有，并可在图纸上打印。

当创建或选择几何图形时，Revit 会在图元周围显示临时尺寸标注。使用临时尺寸标注以动态控制模型中图元的放置。

使用"尺寸标注"工具在构件上放置永久性尺寸标注。可以从对齐、线性（构件的水平或垂直投影）、角度、半径、直径、弧长、高程点等中进行选择，如图 4-34 所示。

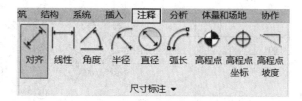

图4-34　尺寸标注面板

可以将临时尺寸标注转换为永久性尺寸标注，以便使其始终显示在图形中。在绘图区域中选择相关部件，单击在临时尺寸标注附近出现的尺寸标注符号，即可将临时尺寸标注转换为永久性尺寸标注，如图 4-35 所示。

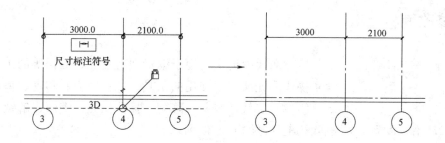

图4-35　临时尺寸标注转换为永久尺寸标注

利用 Revit 的 2D/3D 属性、对齐解锁、影响范围等功能，拖拽标头延长线到合适的位置，对轴网进行调整。在"注释"选项中选择"对齐尺寸标注"命令，将标高 1 中轴网的相关尺寸进行标注，结果如图 4-36 所示。[3]

标注完成后，全选标高 1 中所有图元，利用"过滤器"工具选择所有标注，选择"修改|尺寸标注"上下文选项卡中的"复制到剪切板"命令，此时"粘贴"命令激活，选择下拉菜单中的"与选定的视图对齐"命令，在弹出的"选择视图"对话框中选择相应的视

---

[3]全国BIM技能等级考试（一级）第四、六、七、九、十期第一题

图，完成其他标高尺寸标注的绘制。

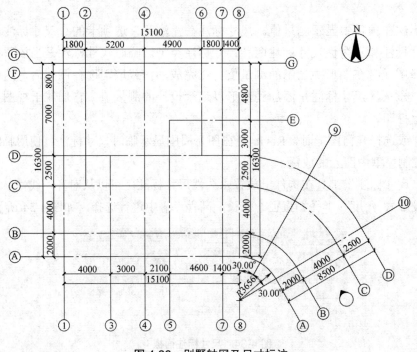

图 4-36　别墅轴网及尺寸标注

【注】　使用多段创建的轴网所做的尺寸标注，无法使用以上命令进行绘制，只能每层单独进行绘制。

4.9　修改面板

图 4-37　修改面板

修改面板中提供了用于编辑现有图元、数据等的工具，包含了操作图元所需要使用的工具，如：对齐、移动、偏移、复制、镜像、旋转、修剪、阵列、拆分图元、缩放、解锁、锁定、删除等工具，如图 4-37 所示。

4.9.1　对齐工具

使用"对齐"工具可将一个或多个图元与选定图元对齐，"对齐"工具的快捷键为"AL"。此工具通常用于对齐墙、梁和线，也可以用于其他类型的图元。单击"修改"选项卡内"修改"面板里的"对齐"命令，此时会显示带有对齐符号的光标。

1. 选择"多重对齐"将多个图元与所选图元对齐（或者，也可以在按住 Ctrl 键的同时选择多个图元进行对齐）。

2. 在对齐墙时，可使用"首选"选项指明将如何对齐所选墙：使用"参照墙面"、"参照墙中心线"、"参照核心层表面"或"参照核心层中心"（核心层选项与具有多层的墙相关）。

3. 选择参照图元（要与其他图元对齐的图元）。

4. 选择要与参照图元对齐的一个或多个图元（在选择之前，将光标在图元上移动，直到高亮显示要与参照图元对齐的图元部分时为止，然后单击该图元）。

如图 4-38 所示，是将三个不同高度的窗户对齐到一个标高上。

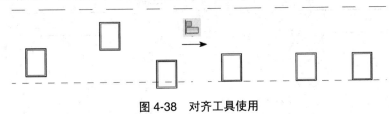

图 4-38　对齐工具使用

4.9.2　移动工具

"移动"工具的工作方式类似于拖拽。但是，它在选项栏上提供了其他功能，允许进行更精确的放置，"移动"工具的快捷键为"MV"。选择要移动的图元，单击"修改 |<图元>"选项卡内"修改"面板里的"移动"命令，或单击"修改"选项卡内"修改"面板里的"移动"命令，选择要移动的图元，按 Enter 键。

1. 在选项栏上单击所需的选项：

约束：单击"约束"可限制图元沿着与其垂直或共线的矢量方向的移动。

分开：单击"分开"可在移动前中断所选图元和其他图元之间的关联。如：要移动连接到其他墙的墙时，该选项很有用。也可以使用"分开"选项将依赖于主体的图元从当前主体移动到新的主体上。如：可以将一扇窗从一面墙移到另一面墙上。

2. 单击一次以输入移动的起点，将会显示该图元的预览图像。

3. 沿着希望图元移动的方向移动光标，光标会捕捉到捕捉点，此时会显示尺寸标注作为参考。

4. 再次单击以完成移动操作，或者如果要更精确地进行移动，键入图元要移动的距离值，然后按 Enter 键。

4.9.3　偏移工具

使用"偏移"工具可以对选定图元（例如模型线、详图线、墙或梁）进行复制或将其在与其长度垂直的方向移动指定的距离，"偏移"工具的快捷键为"OF"。可以对单个图元或属于相同族的图元链应用该工具。可以通过拖拽选定图元或输入值来指定偏移距离。单击"修改"选项卡中"修改"面板里的"偏移"命令：

1. 在选项栏上，选择要指定偏移距离的方式：若将选定图元拖拽一定距离，请选择"图形方式"；若要输入偏移距离值，则选择"数值方式"，在"偏移"框中输入一个正数值。

2. 如果要创建并偏移所选图元的副本，请选择选项栏上的"复制"（如果在上一步中选择了"图形方式"，则按 Ctrl 键的同时移动光标可以达到相同的效果）。

3. 选择要偏移的图元。如果使用"数值方式"选项指定了偏移距离，则将在放置光标的一侧离高亮显示的图元该距离的地方显示一条预览线。

如图 4-39 所示为采用"图形方式"制作的偏移图元，如图 4-40 所示为采用"数值方式"制作的偏移图元。

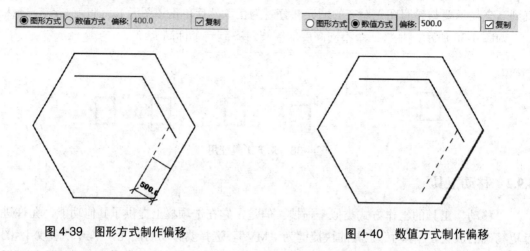

图 4-39　图形方式制作偏移　　　　　　　　图 4-40　数值方式制作偏移

4.9.4　复制工具

"复制"工具可复制一个或多个选定图元，并可随即在图纸中放置这些副本，"复制"工具的快捷键为"CO"。

1. 复制的方法有以下两种：

（1）选择要复制的图元，然后单击"修改|<图元>"选项卡内"修改"面板中的"复制"命令。

（2）单击"修改"选项卡内"修改"面板中的"复制"命令，选择要复制的图元，然后按 Enter 键。

2. 要放置多个副本，需在选项栏上选择"多个"。要限制其方向可以在选项栏上选择"约束"。

3. 单击一次绘图区域开始移动和复制图元。

4. 将光标从原始图元上移动到要放置副本的区域。

5. 单击以放置图元副本，或输入关联尺寸标注的值。

6. 继续放置更多图元，或者按 Esc 键或"修改"按钮，退出"复制"工具。

4.9.5　镜像工具

"镜像"工具使用一条线作为镜像轴，来反转选定模型图元的位置。可以拾取镜像轴，也可以绘制临时轴。使用"镜像"工具可翻转选定图元，或者生成图元的一个副本并反转其位置。

1. 镜像的方法有以下两种：

（1）选择要镜像的图元，然后在"修改 | <图元>"选项卡的"修改"面板上，单击"镜像—拾取轴"或"镜像—绘制轴"命令。

（2）单击"修改"选项卡的"修改"面板中的"镜像—拾取轴"或"镜像—绘制轴"

命令，选择要镜像的图元，然后按 Enter 键或点击右键，在弹出的窗口选择"完成选择"。

2. 要移动选定项目（而不生成其副本），需清除选项栏上的"复制"。按住 Ctrl 键可清除"选项栏"上的"复制"。

3. 选择或绘制用作镜像轴的线。只能拾取光标可以捕捉到的线或参照平面。不能在空白空间周围镜像图元。

镜像工具使用如图 4-41 所示。

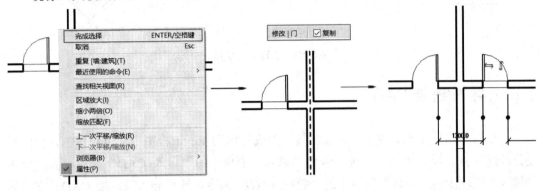

图 4-41　镜像工具使用

4.9.6　旋转工具

使用"旋转"工具可使图元围绕轴旋转，"旋转"工具的快捷键为"RO"。在楼层平面视图、天花板投影平面视图、立面视图和剖面视图中，图元会围绕垂直于这些视图的轴进行旋转。在三维视图中，该轴垂直于视图的工作平面。并非所有图元均可以围绕任何轴旋转。如：墙不能在立面视图中旋转，窗不能在没有墙的情况下旋转。

1. 执行下列操作之一可选择图元：

（1）选择要旋转的图元，然后单击"修改 | <图元>"选项卡内"修改"面板中的"旋转"命令。

（2）单击"修改"选项卡内"修改"面板中的"旋转"命令，选择要旋转的图元，然后按 Enter 键。

（3）在放置构件时，选择选项栏上的"放置后旋转"选项。

"旋转控制"图标将显示在所选图元的中心。如果需要，可以通过以下方式重新确定旋转中心：

（1）将旋转控制拖至新位置；（2）单击旋转控制，并单击新位置；（3）按空格键并单击新位置；（4）在选项栏上，选择"旋转中心：地点"并单击新位置。

2. 在选项栏中，软件提供 3 个选项供用户选择。

选择"分开"可在旋转之前，中断选择图元与其他图元之间的连接。该选项很有用，如当需要旋转连接到其他墙的墙时。

选择"复制"可旋转所选图元的副本，而在原来位置上保留原始对象。

选择"角度"选项，可以指定旋转的角度，Revit 会以指定的角度执行旋转。

旋转工具使用如图 4-42 所示。

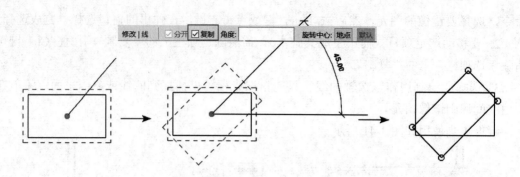

图 4-42　旋转工具使用

4.10　导入/链接 CAD

　　如果拥有相关 CAD 图纸，可以将其导入或链接到 Revit 模型中，以用作创建轴网等设计的起始点。单击"插入"选项卡内"导入"面板中的"导入 CAD"命令，或者单击"插入"选项卡内"链接"面板中的"链接 CAD"命令，即可导入或链接 CAD。支持的 CAD 格式包括 AutoCAD（DWG 和 DXF）、MicroStation®（DGN）、Trimble® SketchUp®（SKP 和 DWG）、SAT 和 3DM（Rhinoceros®）。导入/链接 CAD 操作如图 4-43 所示。

图 4-43　导入/链接 CAD

　　将 CAD 文件链接到 Revit 模型时，Revit 将保留指向该文件的链接。每次打开模型时，Revit 将获取保存的链接文件的最新版本，并将其显示在模型中。对该链接文件进行的所有修改都会显示在模型中。如果在模型打开期间修改了链接文件，请重新载入该文件，以便获取最新的修改。如图 4-44 为导入/链接 CAD 格式的选项。

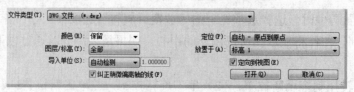

图 4-44　导入/链接 CAD 格式选项

　　可以通过导入 CAD 命令，并依据原有 CAD 的图纸来创建 Revit 模型的轴网。单击"建筑"选项卡，在"基准"面板中选择"轴网"命令，进入"修改|放置轴网"上下文选项卡，单击"绘制"面板中的"拾取线"或"多线段"命令，即可依据现有 CAD 图纸创建 Revit 模型的轴网。[4]

---

[4] 全国 BIM 技能等级考试（一级）第五期第一题

第5章 墙体、门窗、楼板

第4章主要完成了标高、轴网等设计，从第5章开始将从一层平面，分层逐步完成独栋别墅三维模型的建模。

5.1 一层外墙绘制

在项目浏览器中双击"楼层平面"项下的"标高 1"，打开一层平面视图。单击"建筑"选项卡，在"构建"面板中选择"墙"下拉按钮，选择"墙：建筑"命令，在属性对话框中选择"基本墙-常规-200mm"，单击"编辑类型"进入属性面板，单击复制，名称为"外墙-饰面砖"，单击确定，如图5-1所示。其构造层及限制条件设置如图5-2所示。[5]

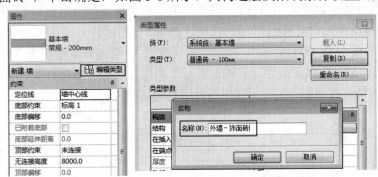

图 5-1 编辑外墙类型属性

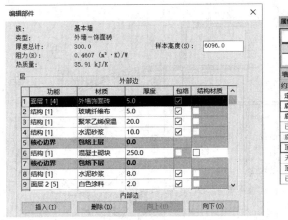

图 5-2 构造层及限制条件设置

---

[5]全国BIM技能等级考试（一级）第十期第五题

选择"基本墙：外墙-饰面砖"—"绘制"—"线"命令，移动光标到 3/B 轴线交点处，捕捉"交点"，单击鼠标左键绘制墙体起点，然后陆续捕捉 1/B、1/D、2/D、2/F、4/F、4/G、6/G、6/E、7/E、7/D、8/D 交点绘制墙体。选择"基本墙：外墙-饰面砖"—"绘制"—"线"命令，移动光标单击鼠标左键捕捉 3/B 交点作为绘制墙体的起点，然后光标垂直向上移动，键盘输入"1500"，按"Enter"键确认；光标水平向右移动，键盘输入"3000"，按"Enter"键确认；光标水平向下移动，键盘输入"2300"，按"Enter"键确认；光标水平向右移动，键盘输入"2100"，按"Enter"键确认；移动光标单击鼠标左键捕捉 5/A、8/A 交点，捕捉及绘制圆弧处的相关外墙，完成外墙绘制。按住 ctrl 键，选中墙体方向不正确的墙面，按"空格"键完成翻转。

5.2　一层内墙绘制

单击"建筑"选项卡，在"构建"面板中选择"墙"下拉按钮，选择"墙：建筑"命令，选择"基本墙-常规-200mm"，点击"编辑类型"，复制并重命名为"200 内墙"，构造层分别设置为 10mm 水泥砂浆、180mm 混凝土砌块、10mm 水泥砂浆。定位线设置"墙中心线"，属性对话框设置实例属性，"底部约束"为"标高 1"，顶部约束为"直到标高：标高 2"。绘制 4-7/A-F，1-3/B-D 区域的内墙，如图 5-3 所示。

选择"基本墙-常规-90mm 砖"，点击"编辑类型"，复制并重命名为"100 内墙"，构造层分别设置为 10mm 水泥砂浆、80mm 混凝土砌块、10mm 水泥砂浆。绘制 2/C-D，4-5/B-C 区域的内墙。按照图 5-3 所示完成内外墙绘制。

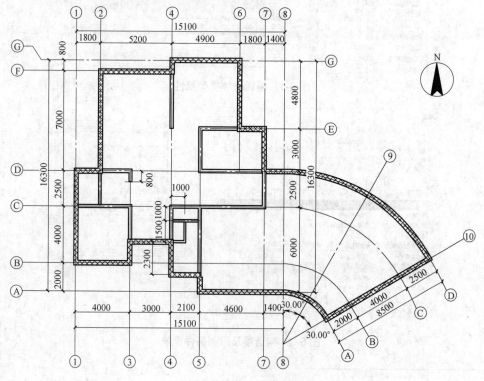

图 5-3　内外墙布置图

完成后的一层内外墙如图 5-4 所示。

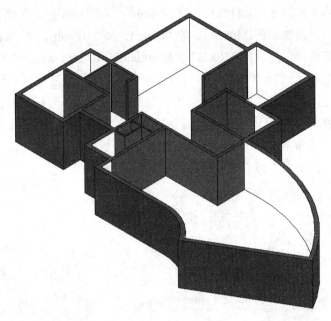

图 5-4　完成内外墙后的模型

5.3　首层门窗绘制

5.3.1　插入门

单击"建筑"选项卡，在"构建"面板中选择"门"命令，出现"修改|放置门"上下文选项卡，单击"载入族"命令，弹出"载入族"对话框，选择"建筑"—"门"—"装饰门"—"中式"—"中式双扇门 2"，单击"打开"，载入门的族文件；同理载入"子母门"、"单嵌板玻璃门"、"卷帘门 4100mm×3000mm"。

复制"中式双扇门 2"，重命名为"防盗门-M1824"，编辑相关类型属性值，宽度值设置为 1800mm，高度值设置为 2400mm，类型标记值改为"M1"，如图 5-5 所示。

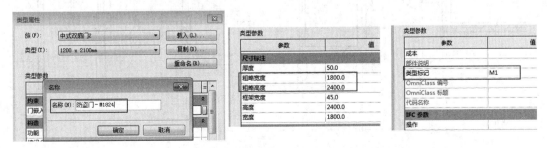

图 5-5　修改门的相关参数

设置其他各种不同类型的门相关参数如下：

卷帘门：名称"卷帘门-JLM4130"、宽 4100mm、高 3000mm、类型标记值 JLM；

子母门：名称"子母门-M1321"、宽1300mm、高2100mm、类型标记值M2；

装饰门：名称"装饰木门-M1021"、宽1000mm、高2100mm、类型标记值M3；

装饰门：名称"装饰木门-M0821"、宽800mm、高2100mm、类型标记值M4；

卫生间门：名称"卫生间门-M0821"、宽800mm、高2100mm、类型标记值M5。

放置门时在面板上选择"在放置时进行标记"，以便对门进行自动标记，标记的位置可以为水平或垂直，可在选项栏上进行修改，如图5-6所示。若标记放置完成后，要修改相关参数，可选择对应的标记（不是门而是标识），"修改|门标识"的选项卡会出现，可再次对方向及引线等参数进行设置。若忘记选择"在放置时进行标记"，可用"注释"选项卡内"标记"面板中用"按类别标记"命令对门进行标记。

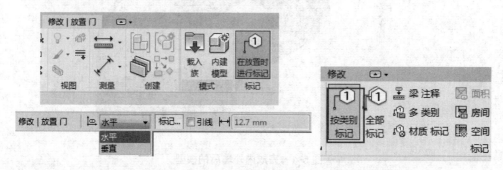

图5-6　放置门时的标记

放置防盗门M1时，将鼠标光标放置在3-4/B-C区域的墙上时，会出现门与周围墙体的相对尺寸，用蓝色表示，如图5-7所示。在放置门之前可以通过按空格键调整门的开启方向。在墙上适当位置单击鼠标左键放置门，选择放置好的门，调整临时尺寸标注的控制点，拖动蓝色控制点到3轴轴线，修改尺寸值为"600"，该防盗门即已居中放置，如图5-7所示。

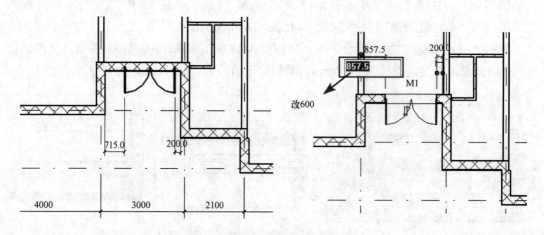

图5-7　调整临时尺寸标注控制点

同理，在类型选择器中分别选择"卷帘门-JLM4130"、"装饰木门-M1021"、"装饰木门-M0821"、"卫生间门-M0821"，按图5-8所示位置插入到一层的相关墙体上。

5.3.2　插入窗

单击"建筑"选项卡，在"构建"面板中选择"窗"命令，出现"修改|放置窗"上下文选项卡，单击"载入族"命令，弹出"载入族"对话框，选择"建筑"—"窗"—"普通窗"—"推拉窗"—"推拉窗 1-带贴面"，单击"打开"，载入窗的族文件；同理载入"组合窗-双层单列（双扇推拉）-上部单扇"。

复制"组合窗-双层单列（双扇推拉）-上部单扇"，重命名为"窗-C2418"，编辑相关类型属性值，宽度值设置为 2400mm，高度值设置为 1800mm，类型标记值改为"C1"；复制"推拉窗 1-带贴面"，重命名为"窗-C1015"，编辑相关类型属性值，宽度值设置为 1000mm，高度值设置为 1500mm，类型标记值改为"C2"。按图 5-8 所示位置将窗放置到一层的相关墙体上。

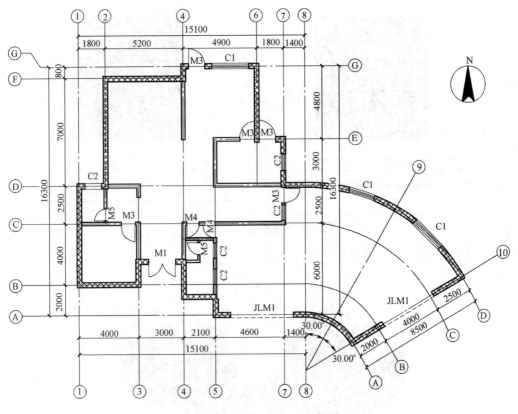

图 5-8　一层平面门、窗布置图

5.4　门窗底高度设置

同一项目中门和窗的底高度往往不一致，本教案中需要调整 C1 的底高度。将 C1 的底高度由 300mm 调整为 900mm，有如下方法：

（1）选择 C1，右键"选择全部实例"—"在视图中可见"，在属性对话框中设置底高度值为"900"，如图 5-9 所示。

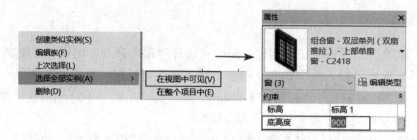

图 5-9　底高度设置方法一

（2）切换到立面视图，选择 C1，修改临时尺寸标注值。进入"项目浏览器"—"立面（建筑立面）"，双击"东"，进入东立面视图，选择 C1，修改临时尺寸标注值为"900"后按"Enter"键确认，如图 5-10 所示。

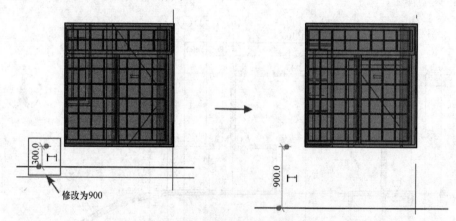

图 5-10　底高度设置方法二

门窗编辑完成后一层模型如图 5-11 所示。

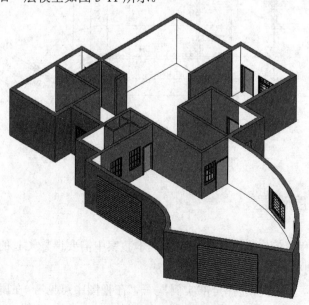

图 5-11　完成门窗后的模型

5.5 创建首层楼板

5.5.1 楼板创建

打开"标高 1"视图，单击"建筑"选项卡，在"构建"面板中选择"楼板"下拉按钮，点击"楼板：建筑"命令，进入楼板绘制模式。复制并重命名创建一个"楼板-160mm"的楼板，楼板构成为 60mm 水泥砂浆、100mm 混凝土。选择"绘制"面板中的"拾取墙"命令，依次拾取相关墙体自动生成楼板轮廓线，单击"完成编辑模式"完成楼板的创建。为方便后续进行厨房、卫生间降板等个性化需求，在绘制楼板时需将客厅、餐厅、厨房、卫生间、库房等楼板分开绘制。

5.5.2 楼板编辑

根据使用需求，将卫生间、厨房、库房等房间进行降板处理。选定这些楼板，将实例属性中的"自标高的高度偏移"修改为"-50.0"，如图 5-12 所示。

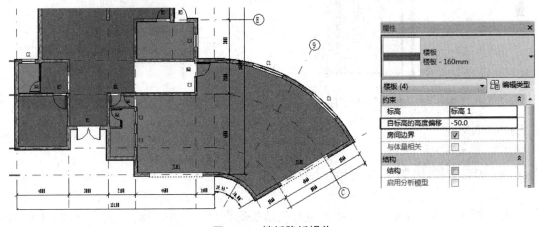

图 5-12 楼板降板操作

5.6 编辑子图元、修改卫生间楼板

下面将 1-2/C-D 区域的卫生间砂浆层进行放坡，构造层保持不变，并创建洞口作为地漏。在模型中选中该楼板，复制创建一个"楼板-160mm-卫生间"的楼板，编辑该楼板的类型属性中的结构构造，勾选面层"60mm 水泥砂浆"的"可变"复选框，如图 5-13 所示。将该卫生间楼板改为新创建的"楼板-160mm-卫生间"楼板。

单击"建筑"选项卡的"参照平面"命令，在该卫生间画两个参照平面，分别距 1 轴右侧 500mm、D 轴下侧 500mm，如图 5-14 所示。

选中该卫生间楼板，出现"修改|楼板"上下文选项卡，点击"添加分割线"，如图 5-15 实线所示添加分割线，点击"修改子图元"，将中心点的值由"0"改为"-20"，如图 5-15 所示。点击"建筑"选项卡内"洞口"面板中的"竖井"命令，绘制一个半径 30mm

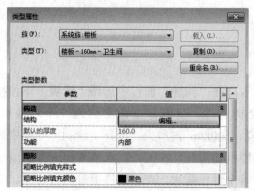
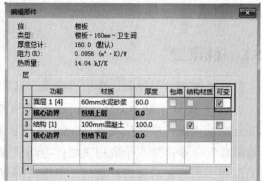

图 5-13　编辑可变层

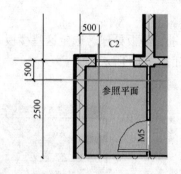

图 5-14　参照平面位置图

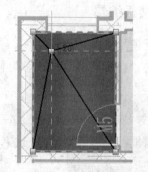

图 5-15　添加分割线、修改子图元

的竖井作为地漏。[6]

5.7　构造层的拆分、合并、指定

对墙面进行进一步的处理，需要进行构造层的拆分、合并、指定，下面对模型中 10 轴的墙体进行修改。选中该墙体，属性对话框点击"编辑类型"，复制并重命名为"外墙-饰面砖-构造层拆分"，单击"类型属性"对话框"结构"后的"编辑"按钮，打开"编辑部件"对话框。单击"预览"按钮，将视图设置为"剖面：修改类型属性"，将样板高度设置为 2000mm，将结构层设置为"240 厚砖墙"，材质浏览器"图形"选项卡中勾选"使用渲染外观"复选框，厚度设置为 240mm；外部边面层设置为"20 厚涂料（绿）"、厚度 20mm、表面填充图案和截面填充图案设置为"沙"，内部边面层设置为"10 厚涂料（白）"、厚度 10mm，均勾选"使用渲染外观"复选框，如图 5-16 所示。

单击"拆分区域"按钮，在距离墙体底部 800mm 的位置将面层 1［4］进行拆分，在外部边顶部继续插入面层，为面层 1［4］，点击"按类型"后的隐藏按钮，打开"材质浏览器"，选择"20 厚涂料（绿）"单击右键，复制重命名为"20 厚涂料（黄）"，在"外观"选项卡中单击"复制此资源"按钮，复制一个新类型，将颜色改为黄色，"图形"选项卡

---

[6] 全国 BIM 技能等级考试（一级）第四期第二题

中勾选"使用渲染外观"复选框。选中层 1 "20 厚涂料（黄）"整行，单击"指定层"按钮，为层 1 指定层，单击墙体左侧 800mm 上侧的层，层 1 中面层 1 ［4］的厚度被指定为 20mm，同时颜色也相应地变化了，如图 5-17 所示。

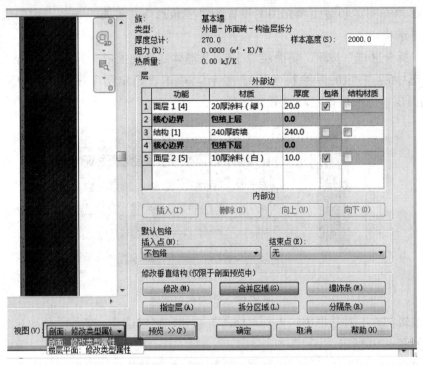

图 5-16　构造层拆分、合并

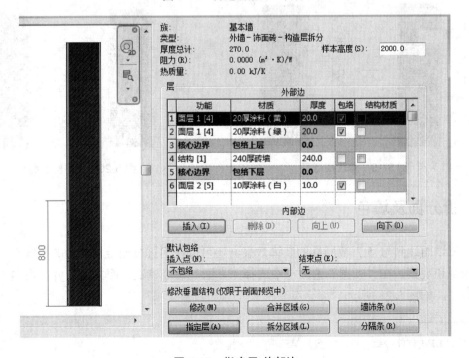

图 5-17　指定层-外部边

在内部边底部继续插入面层，为面层 2［5］，点击"按类型"后的隐藏按钮，打开"材质浏览器"，选择"10 厚涂料（白）"单击右键，复制并重命名为"10 厚涂料（蓝）"，在"外观"选项卡中单击"复制此资源"按钮，复制一个新类型，将颜色改为蓝色，表面填充图案和截面填充图案设置为"三角形"，"图形"选项卡中勾选"使用渲染外观"复选框。

单击"拆分区域"按钮，将面层 2［5］从墙体底部向上依次拆分 300mm、200mm、300mm，选中层 7"10 厚涂料（蓝）"整行，单击"指定层"按钮，选中刚拆分好的 200mm 的面层，完成层指定，如图 5-18 所示。[7]

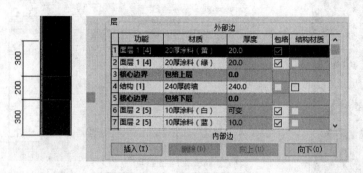

图 5-18　指定层-内部边

在"编辑部件"对话框中，点击"修改"按钮，可以选中一条线并修改尺寸标注来修改结构，如图 5-19 所示。

点击"合并区域"按钮，可以单击两个相邻区域的边界将其合并，如图 5-20 所示。

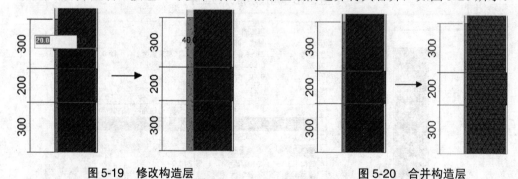

图 5-19　修改构造层　　　　　　　　图 5-20　合并构造层

5.8　拆分面及填色

为使墙面达到与 5.7 节同样的装饰效果，还可以使用拆分面及填色命令来实现。为了便于绘制和观察，在"视图"选项卡中选择"立面"命令建立一个立面，并重命名为"东南"立面，如图 5-21 所示。[8]

---

[7]　全国 BIM 技能等级考试（一级）第三期第二题

[8]　全国 BIM 技能等级考试（一级）第七期第一题

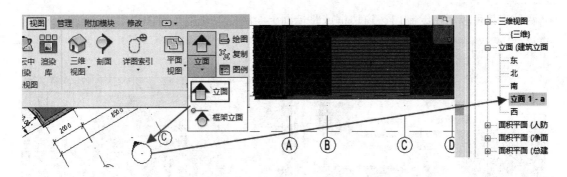

图 5-21　创建东南立面

切换至"东南"立面，在"修改"选项卡的"几何图形"面板中选取"拆分面"命令，选择要拆分面的 10 轴上的墙体进入创建边界界面，此时会以橙色线显示所选取墙体的范围边界，使用"直线"命令在两侧绘制高度为 800mm 的直线，每段直线与墙体边界相交，如图 5-22 所示。

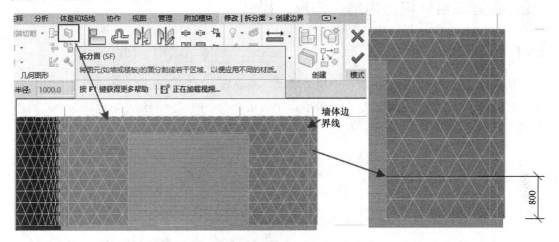

图 5-22　创建拆分面边界

点击"完成编辑模式"退出创建拆分面边界编辑模式，在"修改"选项卡的"几何图形"面板中选取"填色"命令，弹出"材质浏览器"对话框，在对话框中选择"20 厚涂料（绿）"（此处不关闭材质浏览器），对之前所拆分的下部两个区域进行填色。按照上述步骤，选择"20 厚涂料（黄）"对拆分墙体上部分进行填色，最终效果如图 5-23 所示。

若想对填色的区域进行修改，可直接对需修改区域重新填色，可以使用"修改"选项卡内"几何图形"面板中的"删除填色"命令对原区域进行删除，再重新进行填色。

采用 5.7 节和 5.8 节相关操作均可达到以上效果，但两者还是有所区别的，"拆分面"工具拆分图元的所选面，在拆分面后，可使用"填色"工具为此部分面应用不同材质，但是"拆分面"和"填色"工具均不改变图元的结构，而构造层的拆分需要改变图元的结构。

可以在任何非族实例上使用"拆分面"命令，绘制要拆分的面区域时，应注意必须在面内的闭合环中或端点位于面边界的开放环中进行绘制；可以填色的图元包括墙、屋顶、体量、族和楼板，将光标放在图元附近时，如果图元高亮显示，则可以为该图元填色。以上两种工具可以用在绘制门、窗边框或是墙面上绘制相关造型等操作。

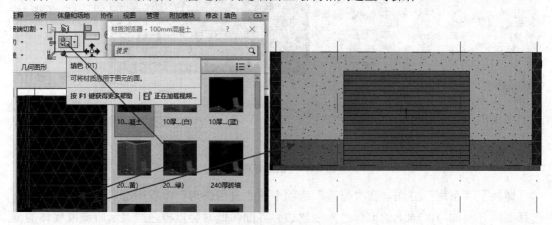

图 5-23　创建拆分面边界

5.9　创建二层外墙、内墙、门窗、楼板

5.9.1　复制二层外墙

切换到三维视图，将光标放在一层外墙上，高亮显示后按 Tab 键，所有外墙全部高亮显示时单击鼠标左键，选中一层全部外墙。单击菜单栏中的"复制到粘贴板"命令，将所有构件复制到粘贴板中。单击"粘贴"—"与选定的标高对齐"命令，如图 5-24 所示。

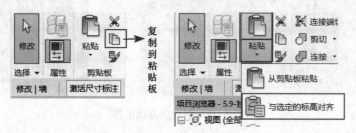

图 5-24　复制一层外墙

打开"选择标高"对话框，单击选择"标高 2"，单击"确定"完成复制。一层平面的外墙及相关门窗均被复制到二层，如图 5-25 所示。

在项目浏览器中双击"楼层平面"下的"标高 2"，打开二层平面视图。如图 5-26 所示，框选所有构件，单击选中面板中的"过滤器"工具，如图 5-27 所示勾选"门"、"窗"，单击"确定"选择所有门窗，按"删除键"删除所有门窗。

5.9.2　编辑二层外墙

在属性面板"基线"处将"范围：底部标高"设置为"无"，如图 5-28 所示。将 7 轴右侧的外墙删除，右键点击一外墙，选择"创建类似实例"，如图 5-29 所示，绘制二层外墙墙体。底部约束选择"标高 2"、顶部约束选择"直到标高：标高 3"。

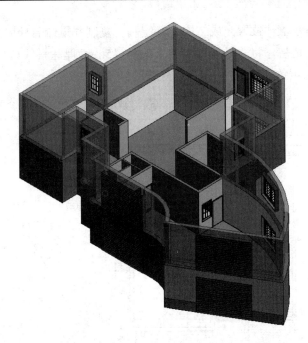

图 5-25　复制完成二层外墙

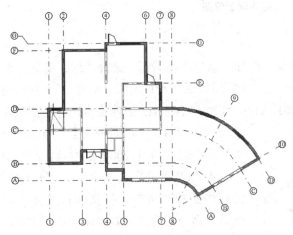

图 5-26　选择二层构件

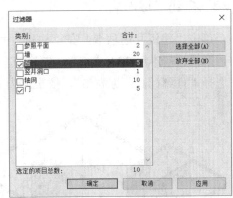

图 5-27　删除二层门、窗

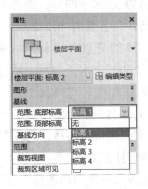

图 5-28　基线设置

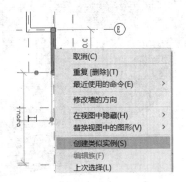

图 5-29　创建类似实例

根据图 5-30 所示墙体位置完成二层外墙绘制。复制并重命名外墙类型为"外墙-二层-黄色涂料"，编辑构造层，将"外墙饰面砖"改为"5mm 厚涂料（黄）"，将所有二层外墙修改为"外墙-二层-黄色涂料"，完成二层外墙的修改。

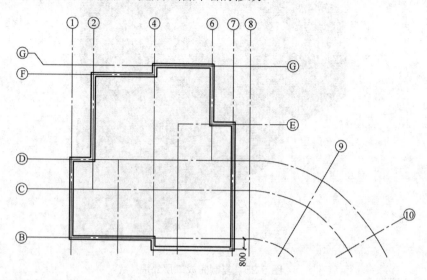

图 5-30　二层外墙定位图

5.9.3　创建二层内墙

单击"建筑"选项卡，在"构建"面板中选择"墙"下拉按钮，选择"墙：建筑"命令，选择"基本墙-200 内墙"，定位线选择"墙中心线"，底部约束选择"标高 2"、顶部约束选择"直到标高：标高 3"，依次点选 4/F、4/E、5/E、5/D、7/D 对应交点；再依次点选 2/D、3/D、3/C、7/C 对应交点，点击"修改"命令完成两段 200mm 厚墙体的绘制。

单击"建筑"选项卡，在"构建"面板中选择"墙"下拉按钮，选择"墙：建筑"命令，选择"基本墙-100 内墙"，点选 3/B 交点，移动鼠标垂直向上，输入"2600"，水平向右，选择与 4 轴的垂直交点，向下点击 4/B 交点；继续点击 5 轴与墙体的交点，移动鼠标垂直向上，输入"2600"，水平向左，选择与 4 轴的垂直交点，点击"修改"命令完成两段 100mm 墙体的绘制。同理绘制 1-3/C、6/D-E 的 100mm 墙体。将 4 轴 B-C 区域的墙体延伸到 C 轴。

完成二层内墙后的模型如图 5-31 所示，保存文件。

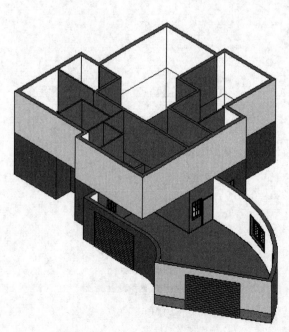

图 5-31　完成二层内墙后的模型

5.9.4　插入二层门窗

　　双击"楼层平面"中的"标高 2"，进入标高 2 视图。单击"建筑"选项卡，在"构建"面板中选择"窗"命令，出现"修改|放置窗"上下文选项卡，选择"在放置时进行标记"，在属性对话框中选择"窗-C2418"，在 G/4-6 墙体的合适位置放置 C1，点击"修改"命令退出绘制模式。调整 C1 的窗台高度为 900mm。

　　继续选择"窗"命令，在属性对话框中选择"窗-C1015"，在 1-2/D 墙体中心放置 C2，继续分别在 7/D-E 墙体、7/C-D 墙体上放置 C2。点选 7/D-E 墙体上的 C2，调整临时尺寸标注的控制点，拖动蓝色控制点到 D 轴轴线、E 轴轴线，修改尺寸值为"1000"，将 C2 居中放置在 7/D-E 墙体上。同理在 7/C-D 墙体、A-B/4-5 区域的墙体上居中放置 C2。

　　移动鼠标到 C2 上方，当出现窗标记方框时点击鼠标左键，修改窗标记为"垂直"，并移动窗标记到合适的位置，完成后的效果如图 5-32 所示。

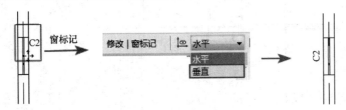

图 5-32　修改窗标记

　　单击"建筑"选项卡，在"构建"面板中选择"门"命令，在属性对话框中选择"卫生间门-M0821"，在合适位置放置 M5，并将标示调整到合适的位置。单击"建筑"选项卡，在"构建"面板中选择"门"命令，在属性对话框中选择"装饰木门-M1021"，继续放置 M3 到相关内墙上，并将标示调整到合适的位置。

　　单击"建筑"选项卡，在"构建"面板中选择"门"命令，出现"修改|放置门"上下文选项卡，单击"载入族"命令，弹出"载入族"对话框，选择"建筑"—"门"—"普通门"—"推拉门"—"双扇推拉门 4-带亮窗"，单击"打开"，载入门的族文件。点击属性对话框中的"编辑类型"按钮，复制为"推拉门-MC1"，将类型参数中尺寸标注中的"宽度"由 1800mm 改为 2400mm，标示数据中的"类型标记"改为"MC1"，在 A-B/5-7 区域的墙体中间放置 MC1。

　　相关门窗位置如图 5-33 所示。

5.9.5　创建二层楼板

　　点击"建筑"选项卡内"模型"面板中的"模型线"命令，出现"修改|放置线"上下文选项卡，点击"绘制"面板中的"起点-终点-半径弧"，选择 3/D、4/E 两个端点，将半径由 2800mm 改为 3000mm，创建一条半径为 3000mm 的模型线。

　　按照 5.5.1 相关方法创建二层楼板，同时将右侧扇形区域的屋顶也用楼板创建，此处会弹出提示框，询问是否将墙体附着到楼板上，选择"否"。二层楼板创建完成后如图 5-34 所示。

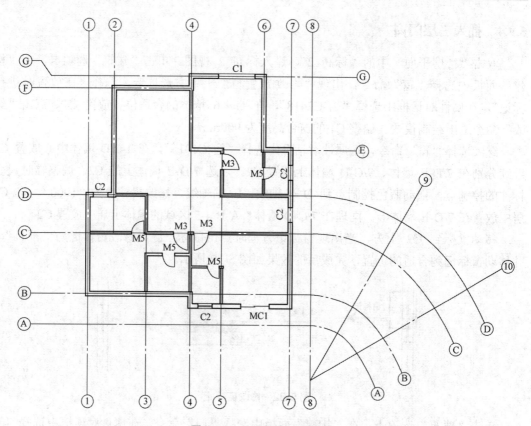

图 5-33　二层门窗位置图

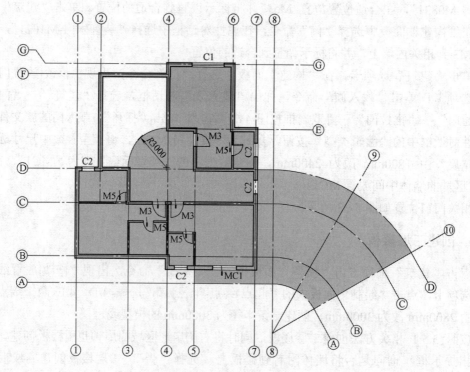

图 5-34　二层楼板示意图

5.10　墙饰条、分隔条

通过沿某条路径拉伸轮廓可以创建墙饰条。可以使用"墙：饰条"工具向墙中添加踢脚线、冠顶饰或其他类型的装饰用水平或垂直投影。可以在三维视图或立面视图中为墙添加墙饰条，墙饰条的方向有"水平"和"垂直"。

打开三维视图，单击"建筑"选项卡内"构建"面板中的"墙"下拉列表"墙：饰条"。在"类型选择器"中，选择"墙饰条檐口"，单击"修改|放置墙饰条"内"放置"面板中的"水平"，将光标放在墙上以高亮显示墙饰条位置，单击以放置墙饰条。

单击该"墙饰条"，修改其距离 F1 标高的尺寸为 600mm，如图 5-35 所示。

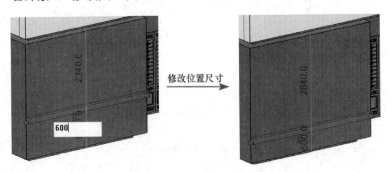

图 5-35　调整墙饰条位置

放置墙饰条后，该墙体上不能继续连续放置墙饰条，光标处于禁止放置状态，放置面板上的"水平"和"垂直"命令也是禁止使用的。单击"放置"面板中的"重新放置墙饰条"按钮，"水平"和"垂直"命令又可以重新使用，同一墙体上就可以继续放置第二根墙饰条。放置墙饰条后若不退出当前命令，当移动鼠标到另一墙面时墙饰条预览轮廓的位置是不变的，即会按照上一个墙饰条的位置进行定位，按照已完成的墙饰条位置及样式完成别墅一层墙饰条的绘制。

选中一条墙饰条，单击鼠标右键，点击"选择全部实例"—"在视图中可见"选中全部墙饰条，在"属性"对话框中将"与墙的偏移"调整为"-50"，墙饰条会向墙体内侧偏移 50mm。如图 5-36 所示。

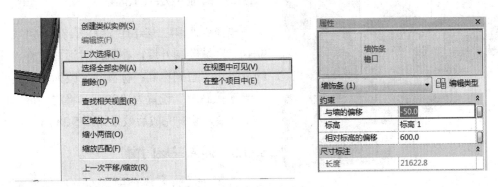

图 5-36　墙饰条与墙体偏移

"墙：分隔条"是沿某条路径拉伸轮廓以在墙中创建裁剪，其创建方式与创建墙饰条操作类似。

5.11 创建三层相关构件

5.11.1 绘制三层主墙体

切换至"标高 3"，因三层墙体变化较大，不采用复制二层墙体的做法，而是直接重新绘制，如图 5-37 所示，根据图中的墙体位置分别绘制外墙及内墙。

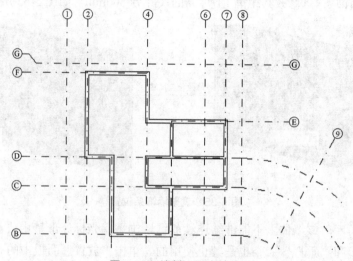

图 5-37　绘制三层主墙体

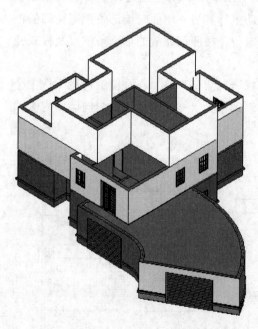

图 5-38　三层墙体绘制完成后模型

选中绘制的三层外墙，以"外墙-二层-黄色涂料"为基础，新建外墙，命令为"外墙-三层-白色涂料"，面层涂料改为白色，其他参数不变，底部约束选择"标高 3"，顶部约束选择"标高 4"。

5.11.2 绘制三层女儿墙

选择"外墙-三层-白色涂料"，在 4-6/E-G、1-3/B-D 区域绘制外墙，在属性对话框中将"顶部约束"由"直到标高：标高 4"改为"未连接"，"无连接高度"设置为"900"，将这些墙体设置为女儿墙，绘制完成后效果如图 5-38 所示。

5.11.3 插入三层门窗

点击"建筑"选项卡，在"构件"面板中选择"窗"命令，选择"窗-C2418"，将 C1 放置在 2-4/F 的墙体上，选择"窗-C1015"，将 C2 分别放置在 7/C-D、7/D-E、3-4/B、4-5/B 对应的墙体中央。

　　点击"建筑"选项卡，在"构件"面板中选择"门"命令，选择"推拉窗-MC1"，将 MC1 放置在 4/E-G、3/B-D 的墙体上，选择"子母门-M1321"，将 M2 放置在 4-5/C、4-5/D 的墙体上，选择"卫生间门-M0821"，将 M5 放置在 5/D-E 墙体上。

5.11.4　创建三层楼板

　　打开标高 3 视图，单击"建筑"—"楼板"—"楼板：建筑"命令，选择"楼板-160"，进入楼板绘制模式。

　　如图 5-39 所示位置绘制三层楼板，其中两个露台的"自标高的高度偏移"设置为"-100"，卫生间的"自标高的高度偏移"设置为"-50"。

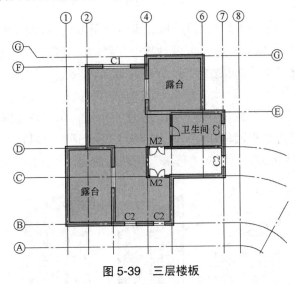

图 5-39　三层楼板

整体的效果如图 5-40 所示。

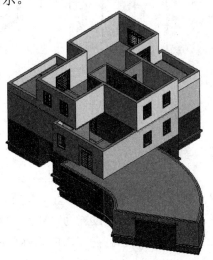

图 5-40　整体效果图

第 6 章　玻 璃 幕 墙

　　幕墙是建筑的外墙维护，附着到建筑结构，并且不承担建筑的楼板或屋顶荷载，是现代建筑设计中被广泛应用的一种建筑构件。在一般应用中，幕墙常常被定义为薄的、通常带铝框的墙，包含填充的玻璃、金属嵌板或薄石。

6.1　幕墙绘制

　　幕墙由幕墙网格、竖梃和幕墙嵌板组成。可以使用默认 Revit 幕墙类型设置幕墙。这些墙类型提供三种不同的复杂程度，可以对其进行简化或增强。

　　（1）幕墙——没有网格或竖梃。没有与此墙类型相关的规则。此墙类型的灵活性最强。

　　（2）外部玻璃——具有预设网格。如果设置不合适，可以修改网格规则。

　　（3）店面——具有预设网格和竖梃。如果设置不合适，可以修改网格和竖梃规则。

　　如图 6-1 所示，从左到右分别为"幕墙"、"外部玻璃"、"店面"。

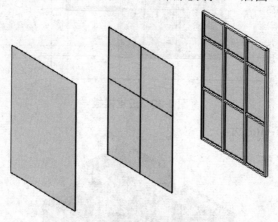

图 6-1　幕墙的三种复杂程度

　　单击"建筑"选项卡，在"构建"面板中选择"墙"—"墙：建筑"，在类型选择器中选择墙体的类型为"幕墙"。

　　单击"编辑类型"按钮，打开"类型属性"对话框，复制一个新的类型，名称为"幕墙-MQ1"，勾选"类型参数"构造中的"自动嵌入"，类型标记改为"MQ1"，将属性对话框中的底部约束设置为"标高 1"、底部偏移设置为"300"、顶部约束设置为"未连接"、无连接高度设置为"5400"，如图 6-2 所示。在 1-3/B 墙体中心放置 2000mm 宽的幕墙，如图 6-3 所示。

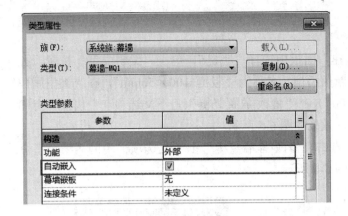

图 6-2 幕墙设置

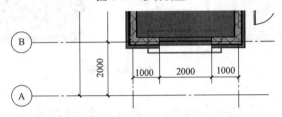

图 6-3 幕墙绘制位置

6.2 幕墙网格划分

单击"建筑"选项卡,在"构建"面板中选择"幕墙网格",在幕墙上放置网格,网格相关尺寸如图 6-4 所示。

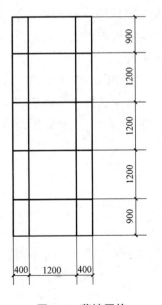

图 6-4 幕墙网格

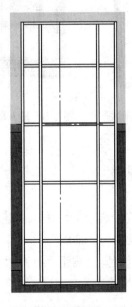

图 6-5 幕墙竖梃

6.3 竖梃

单击"建筑"选项卡，在"构建"面板中选择"竖梃"，单击"编辑类型"按钮，打开"类型属性"对话框，复制一个新的类型，名称为"竖梃-100×50mm"，在"类型属性"对话框中将厚度由"150"改为"100"。在"修改|放置竖梃"上下文选项卡中选择"全部网格线"命令，单击幕墙放置竖梃，效果如图 6-5 所示。

选择幕墙顶部和底部的竖梃，点击"修改|幕墙竖梃"上下文选项卡中的"结合"命令，对竖梃进行调整，最终效果如图 6-6 所示。[9]

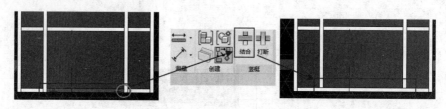

图 6-6   调整幕墙竖梃

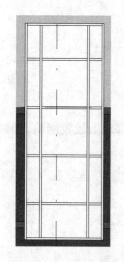
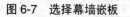

图 6-7   选择幕墙嵌板

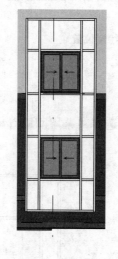

图 6-8   插入幕墙窗

6.4   幕墙门窗

幕墙门窗的添加方案不同于基本墙。基本墙是执行了门窗命令以后直接在墙体上放置，而幕墙门窗则需先载入才能被添加。

单击"插入"选项卡，在"从库中载入"面板中选择"载入族"按钮，在弹出的"载入族"窗口中，双击"建筑"—"幕墙"—"门窗嵌板"里的"窗嵌板_70-90 系列双扇推拉铝窗"。

选中如图 6-7 所示的"幕墙嵌板"，在类型选择器中选择"窗嵌板_70-90 系列双扇推拉铝窗 70 系列"，设置后如图 6-8 所示。

6.5   幕墙调整

单击"建筑"选项卡，在"构建"面板中选择"墙"—"墙：建筑"，在类型选择器中选择墙体的类型为"幕墙"。

单击"编辑类型"按钮，打开"类型属性"对话框，复制一个新的类型，名称为"幕

---

[9] 全国 BIM 技能等级考试（一级）第六期第二题

墙-MQ2",勾选"类型参数"构造中的"自动嵌入",类型标记改为"MQ2",将属性对话框中的底部约束设置为"标高 1"、底部偏移设置为"300"、顶部约束设置为"未连接"、无连接高度设置为"6000",在 2/D-F 墙体中心上放置 6000mm 宽的幕墙。

点击刚绘制完成的 MQ2,单击"注释"选项卡内"标记"面板中的"按类别标记"标记该幕墙。

双击"项目浏览器"中的"立面(建筑立面)"—"西",进入西立面视图。

单击"建筑"选项卡,在"构建"面板中选择"幕墙网格",在幕墙上放置四条垂直网格。使用"对齐尺寸标注"命令,对网格进行注释,单击"EQ"符号对网格进行等分,如图 6-9 所示。

单击"幕墙网格"按钮,从上到下放置三条水平网格,网格的距离依次为"1100"、"1900"、"1900"、"1100",如图 6-10 所示。

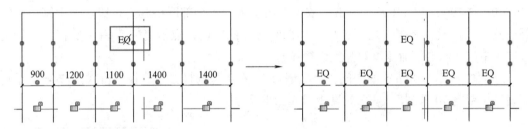

图 6-9 幕墙网格等分

对幕墙网格进行划分,分别选中垂直网格,单击"幕墙网格"面板中的"添加/删除线段"按钮,单击要删除的幕墙网格,编辑完成后的幕墙网格如图 6-11 所示。

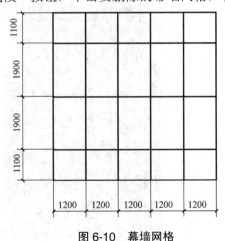

图 6-10 幕墙网格

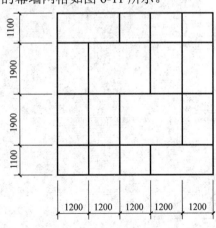

图 6-11 编辑完成后的幕墙网格

单击"建筑"选项卡,在"构建"面板中选择"竖梃",在类型选择器中选择"竖梃-100×50mm",单击"放置"面板中的"网格线"按钮,选择水平的网格线放置竖梃。最终效果如图 6-12 所示。[10]

---

[10]全国 BIM 技能等级考试(一级)第一期第三题

单击"建筑"选项卡，在"构建"面板中选择"墙"—"墙：建筑"，在类型选择器中选择墙体的类型为"幕墙"。

单击"编辑类型"按钮，打开"类型属性"对话框，复制一个新的类型，名称为"幕墙-MQ3"，勾选"类型参数"构造中的"自动嵌入"，类型标记改为"MQ3"，将属性对话框中的底部约束设置为"标高 1"、底部偏移设置为"300"、顶部约束设置为"未连接"、无连接高度设置为"6000"，在 2-4/F 墙体中心上放置 2400mm 宽的幕墙。

点击刚绘制完成的 MQ3，单击"注释"选项卡内"标记"面板中的"按类别标记"标记该幕墙。

单击"建筑"选项卡，在"构建"面板中选择"幕墙网格"，在幕墙上放置两条垂直网格，间距分别为"600"、"1200"、"600"。

单击"幕墙网格"按钮，从上到下放置三条水平网格，网格的距离依次为"1100"、"1900"、"1900"、"1100"。单击"放置"面板中的"全部网格线"按钮，选中刚绘制的幕墙网格线，设置竖梃。选择幕墙的顶部和底部的竖梃，点击"修改|幕墙竖梃"上下文选项卡中的"结合"命令，对竖梃进行调整

选中高度为 1200mm 的中间"幕墙嵌板"，在类型选择器中选择"窗嵌板_70-90 系列双扇推拉铝窗 70 系列"，最终效果如图 6-13 所示。

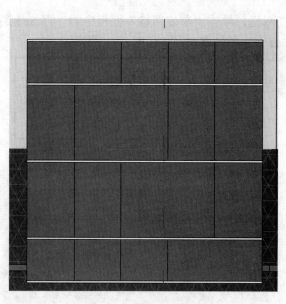

图 6-12　西立面幕墙效果图

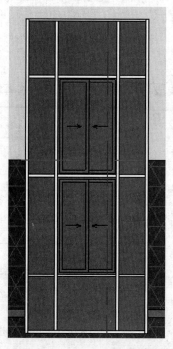

图 6-13　北立面幕墙效果图

第7章 屋　　顶

Revit 提供了多种创建屋顶的方法。如：迹线屋顶、拉伸屋顶、面屋顶、玻璃斜窗等。对于一些特殊造型的屋顶，也可以通过内建模型的工具来创建。

7.1 拉伸屋顶

下面利用拉伸屋顶命令创建别墅主入口区域的雨篷。

7.1.1 创建屋顶

在"项目浏览器"中双击"楼层平面"—"标高 2"，打开标高 2 视图。

单击"建筑"选项卡，在"工作平面"面板中选择"参照平面"命令，在如图 7-1 虚线显示位置绘制 3 个参照平面。

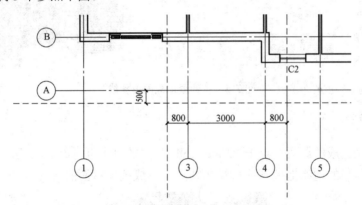

图 7-1　参照平面位置

单击"建筑"选项卡，在"构建"面板中选择"屋顶"—"拉伸屋顶"命令，系统会弹出"工作平面"对话框，提示指定新的工作平面，选择"拾取一个平面"，点击"确定"，如图 7-2 所示。选择刚绘制的与 A 轴平行的参照平面，弹出"转到视图"对话框，选择"立面：南"，点击"打开视图"按钮，如图 7-3 所示。

弹出的"屋顶参照标高和偏移"对话框中，标高选择"标高 2"、偏移值设置为"0"。

单击"绘制"面板中的"线"命令，在属性对话框中点击"编辑类型"按钮，打开"类型属性"对话框，复制一个新的类型，名称为"屋顶-琉璃瓦"，点击"类型参数"中结构后的"编辑"，打开"编辑部件"对话框，将结构的材质改为"默认屋顶"，厚度修改为 125mm，"表面填充图案"设置为"屋面-筒瓦"，按图 7-4 所示绘制拉伸屋顶截面形状线。

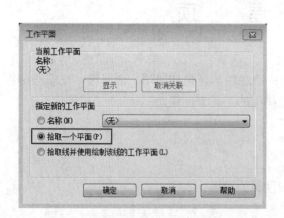

图 7-2　拾取工作面　　　　　　　　　　图 7-3　视图选择

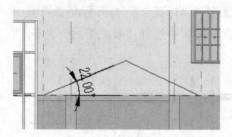

图 7-4　拉伸屋顶截面形状线

7.1.2　修改屋顶

　　选择刚绘制完成的屋面，点击"View Cube"中的"上"，如图 7-5 所示，显示模型的俯视图，将该屋顶的边缘拖拽到 B 轴墙体边缘，完成拉伸屋面的绘制。

图 7-5　拉伸屋顶编辑

7.1.3　创建屋脊

单击"结构"选项卡，在"结构"面板中选择"梁"。在"修改|放置梁"上下文选项卡中点击"载入族"命令，选择载入"结构"—"框架"—"混凝土"中的"混凝土-矩形梁"。在属性对话框中点击"编辑类型"按钮，打开"类型属性"对话框，复制一个新的类型，名称为"屋脊-屋脊线"，编辑"类型属性"参数，将 b 设置为 100mm、h 设置为 150mm。

如图 7-6 所示勾选"三维捕捉"，在属性对话框中设置"Z 轴偏移值"为"200"，在创建好的拉伸屋顶上放置一根屋脊。

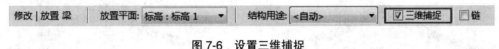

图 7-6　设置三维捕捉

单击"修改"选项卡，在"几何图形"面板中点击"连接"命令，首先拾取选择要连接的实心几何图形，再选择要连接到所选实体上的实心几何图形，系统自动将两者连接在一起，如图 7-7 所示，连接前后屋顶的体积会有变化。

尺寸标注			尺寸标注	
坡度			坡度	
厚度	125.0		厚度	125.0
体积	1.451		体积	1.433
面积	11.604		面积	11.604

连接前　　　　　　　　　　连接后

图 7-7　连接几何图形

7.2　附着分离

切换至"标高 1"，选择"建筑"选项卡内"柱"命令下拉菜单中的"建筑：柱"，点击"编辑类型"，在"类型属性"对话框中点击"复制"，命名为"柱-300×300"，并将深度和宽度均改为 300mm，底部标高设置为标高 1，顶部标高设置为标高 2，在 3/A、4/A交点处，绘制两个建筑柱"柱-300×300"，绘制完成后的模型如图 7-8 所示。

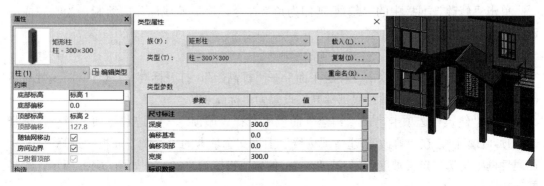

图 7-8　绘制建筑柱

按住 Ctrl 键，复选 3/A、4/A 交点处的柱子，在"修改|柱"选项卡的"修改柱"面板上选择"附着顶部/底部"命令，在选项栏中选择"附着柱：顶"，如图 7-9 所示，选择入口处的屋顶，完成柱附着到屋顶下面，如图 7-10 所示。同理，将二层卧室相关墙体附着到其对应的屋顶上。

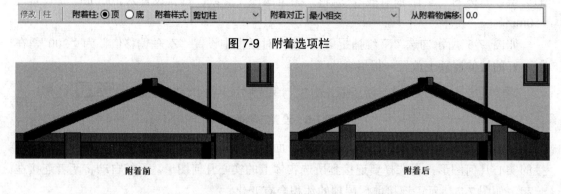

图 7-9　附着选项栏

图 7-10　附着前后效果图

7.3　迹线屋顶

下面使用"迹线屋顶"命令创建项目中二层卧室和三层整层的屋顶。

在"项目浏览器"中双击"楼层平面"—"标高 3"，打开标高 3 视图。将属性对话框中的"基线"中的"范围：底部标高"设置为"标高 2"。

单击"建筑"选项卡，在"构建"面板中选择"屋顶" —"迹线屋顶"命令，选择"屋顶-琉璃瓦"，在"修改|创建屋顶迹线"上下文选项卡的"绘制"面板中选择"线"，在属性框中勾选"定义坡度"、取消勾选"链"、偏移值设置为"800"，如图 7-11 所示，绘制墙体外侧的三条轮廓线，再在相关墙体上绘制轮廓线。

图 7-11　迹线屋顶相关设置

单击"修改"面板中的"修剪/延伸为角"命令，完成迹线屋顶的绘制，绘制完成的迹线轮廓如图 7-12 所示。

点击"完成编辑模式"，完成屋顶的绘制。

在"项目浏览器"中双击"楼层平面"—"标高 4"，打开标高 4 视图。将属性对话框中的"基线"中的"范围：底部标高"设置为"标高 3"。

单击"建筑"选项卡，在"构建"面板中选择"屋顶"—"迹线屋顶"命令，选择"屋顶-琉璃瓦"，在"修改|创建屋顶迹线"上下文选项卡的"绘制"面板中选择"线"，在属性框中勾选"定义坡度"、勾选"链"、偏移值设置为"800"，如图 7-13 所示，绘制屋顶轮廓线。

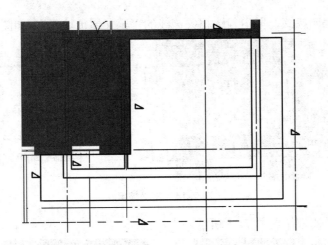

图 7-12　迹线屋顶轮廓

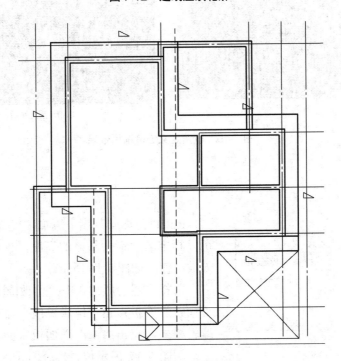

图 7-13　迹线屋顶轮廓

点击"完成编辑模式",完成屋顶的绘制。

7.4　定义坡度

进入三维视图,选择三层顶的屋顶,在"修改|屋顶"选项卡中的"模式"面板点击"编辑迹线"命令进入屋顶迹线编辑模式。从左上角到右下角框选所有屋顶迹线,在属性对话框中将尺寸标注中的"坡度"由"30"改为"22"。

选择二层顶的屋顶,在"修改|屋顶"选项卡中的"模式"面板点击"编辑迹线"命

令进入屋顶迹线编辑模式，取消勾选相关迹线的"定义屋顶坡度"，如图 7-14 所示。

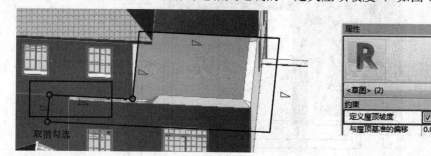

图 7-14　定义坡度

坡度定义前后的效果如图 7-15 所示。[11]

坡度定义前

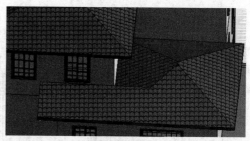

取消坡度定义后

图 7-15　取消定义坡度前后效果

7.5　坡度箭头

约束	
指定	尾高
最低处标高	尾高
尾高度偏移	坡度
最高处标高	默认
头高度偏移	500.0
尺寸标注	
坡度	10.00°
长度	2300.0

图 7-16　坡度箭头相关属性

Revit 允许向草图中添加坡度箭头，"坡度箭头"可以指定坡度箭头头尾的高度，也可以使用属性输入坡度值，如图 7-16 所示。

选择二层的屋顶，在"修改|屋顶"选项卡中的"模式"面板点击"编辑迹线"命令进入屋顶迹线编辑模式，点击"修改"面板中的"拆分图元"命令，如图 7-17 所示位置拆分图元，并取消勾选相关迹线的"定义坡度"，并将剩余的两个有"定义坡度"的迹线坡度设置为"10"。

点击"修改|屋顶"—"编辑迹线"—"绘制"面板中的"坡度箭头"命令，如图 7-17 所示绘制两条坡度线，坡度线"头高度偏移"设置为"500"。

坡度箭头绘制前后屋顶的变化如图 7-18 所示。[12]

[11]全国 BIM 技能等级考试（一级）第二期第三题

[12]全国 BIM 技能等级考试（一级）第五期第二题

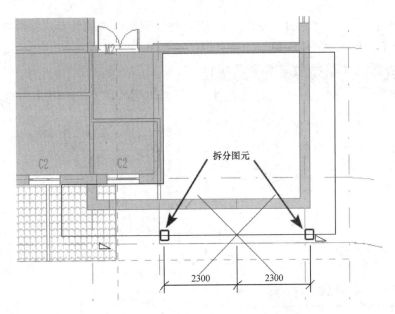

图 7-17　拆分屋顶迹线、定义坡度、绘制坡度箭头

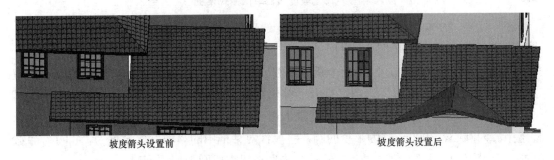

坡度箭头设置前　　　　　　　　　　　　　　　坡度箭头设置后

图 7-18　坡度箭头绘制前后模型变化

7.6　圆形屋顶

在标高 1 视图中绘制一根建筑柱，设置其底部标高为"标高 1"、顶部标高为"标高 3"。在南立面标高 7.900m 处绘制一个标高，命名为"标高 7.900"。

在标高 3 视图中，单击"建筑"选项卡，在"构建"面板中选择"屋顶"—"迹线屋顶"命令，选择"常规-125mm"，在属性对话框中点击"编辑类型"按钮，打开"类型属性"对话框，复制一个新的类型，名称为"圆形屋顶-100 厚"，点击"类型参数"中结构后的"编辑"，打开"编辑部件"对话框，将结构层厚度改为"100"。在"修改|创建屋顶迹线"上下文选项卡的"绘制"面板中选择"圆形"，绘制一个以柱子中心为圆心、5000mm 为半径的圆，将属性对话框中的"截断标高"设置为"标高 7.900"、"坡度"设置为"1：2"，单击"完成编辑模式"按钮完成圆形屋顶创建。

单击"管理"选项卡内"设置"面板中的"项目单位"，设置坡度格式：单位为"1：比"、舍入为"2 个小数位"、单位符号为"1："，如图 7-19 所示。单击"注释"选项卡内"尺寸标注"面板中的"高程点坡度",标注圆形屋顶的坡度,并将坡度的单位格式设置为如图 7-19 所示的相关数据。

图 7-19　坡度项目单位格式设置

在"标高 7.900"视图中,单击"建筑"选项卡,在"构建"面板中选择"屋顶"—"迹线屋顶"命令,选择"圆形屋顶-100 厚",在属性对话框中点击"编辑类型"按钮,打开"类型属性"对话框,复制一个新的类型,名称为"圆形屋顶-81.6 厚",点击"类型参数"中结构后的"编辑"选项,打开"编辑部件"对话框,将结构层厚度改为"81.6"。

在"修改|创建屋顶迹线"上下文选项卡内"绘制"面板中选择"圆形",绘制一个以柱子中心为圆心、3000mm 为半径的圆,将属性对话框中的"坡度"设置为"1:1","截断标高"设置为"无",单击"完成编辑模式"按钮完成圆形屋顶创建。

单击"注释"选项卡内"尺寸标注"面板中的"高程点坡度",标注圆形屋顶的坡度,并将坡度的单位格式设置为"1:比"。

将圆形屋顶下的柱子附着到圆形屋顶上。绘制完成的圆形屋顶如图 7-20 所示。[13]

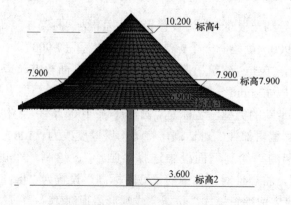

图 7-20　圆形屋顶绘制（单位：m）

---

[13]全国 BIM 技能等级考试（一级）第八期第二题

完成各种类型屋顶绘制后的模型如图 7-21 所示。

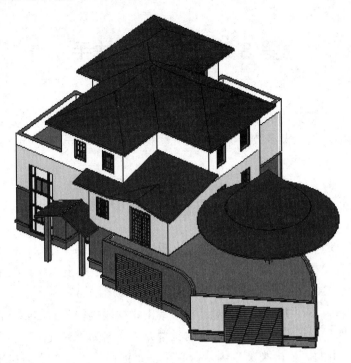

图 7-21　屋顶完成后模型

7.7　玻璃斜窗

单击"建筑"选项卡，在"构建"面板中选择"屋顶"—"迹线屋顶"命令，在类型选择器下拉列表中选择"玻璃斜窗"，即可开展玻璃斜窗的绘制，如图 7-22 所示。

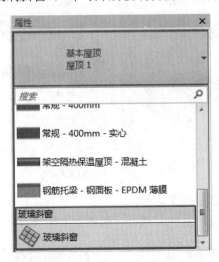

图 7-22　玻璃斜窗绘制

第 8 章　楼梯、扶手

楼梯是建筑物垂直交通的主要方式，Revit 通过创建通用梯段、平台和支座构件，将楼梯添加到模型中。创建大多数楼梯时，可在楼梯部件编辑模式下添加常见和自定义绘制的构件。

8.1　室外楼梯

单击"建筑"选项卡，在"楼梯坡道"面板中选择"楼梯"命令，在类型选择器下拉列表中选择"组合楼梯 190mm 最大踢面 250mm 梯段"，点击"编辑类型"按钮，打开"类型属性"对话框，复制一个新的类型，名称为"弧形楼梯"。

如图 8-1 所示，在"类型属性"对话框中单击"梯段类型"后的隐藏按钮打开该梯段类型的"类型属性"对话框，复制一个新的类型并重命名为"50mm 踏板 13mm 踢面-石材"，在"构造"中的"梯段类型"中，分别单击"踏板材质"、"踢面材质"后的隐藏按钮，将材质设置为"石材，自然立砌"，"表面填充图案"修改为"石材-剖面纹理"，勾选"使用渲染外观"。

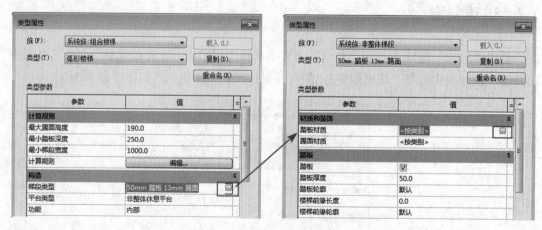

图 8-1　编辑楼梯相关参数

进入标高 1 视图，在选项栏中选择定位线为"梯段：中心"、设置"实际梯段宽度"为"1200"，勾选"自动平台"前的复选框，如图 8-2 所示。

图 8-2　弧形楼梯的楼梯绘制选项栏

在属性对话框中，设置"底部标高"为"室外地坪"、设置"顶部标高"为"标高 2"、"所需踢面数"为"25"、"实际踏板深度"为"260"，如图 8-3 所示。

在"修改|创建楼梯"上下文选项卡内的"构件"面板中选择楼梯样式为"圆心-端点螺旋"，选择 10/D 交界处的墙最外侧点为螺线梯段中心，半径为 1500mm，生成螺旋楼梯，在标高 2 中对位置进行调整后，最终效果如图 8-4 所示。[14]

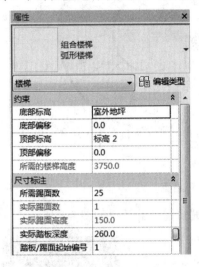

图 8-3 楼梯属性设置

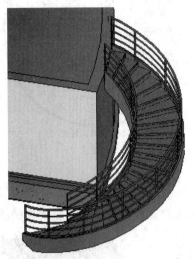

图 8-4 螺旋楼梯生成

Revit 2018 支持将楼梯构件转换为草图。在楼梯部件中，可以将常见梯段或自动平台转换为草图梯段或平台构件。在转换构件后，可以使用草图工具根据需要来修改设计。

选择刚绘制完成的"弧形楼梯"，在"修改|楼梯"上下文选项卡内的"编辑"面板中单击"编辑楼梯"。选择需要编辑的梯段，在"工具"面板中单击"转换"，即可转换为基于草图的模式。如图 8-5 所示。

自动平台或楼梯构件转换为自定义的、基于草图的构件是不可逆操作，如图 8-6 的提示。将常见构件转换为基于草图的构件后，将无法进行逆转换。如果需要，可以使用"撤销"工具返回到常见构件。出现确认提示时，单击"关闭"。

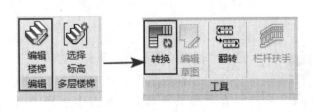

图 8-5 转换为草图模式

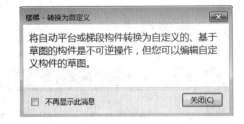

图 8-6 转换为草图模式的告警提示

双击"项目浏览器"—"楼层平面"中的"标高 1"，进入标高 1 视图。单击"工具"面板中的"编辑草图"进入编辑草图模式，如图 8-7 所示编辑楼梯的边界和踢面，并同步

---

[14] 全国 BIM 技能等级考试（一级）第一期第二题

修改楼梯路径到新绘制的最外侧踢面线。

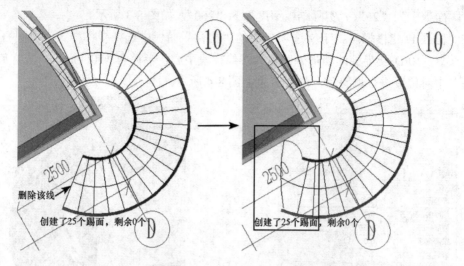

图 8-7　编辑楼梯边界和踢面

单击"完成编辑模式"完成楼梯的编辑，楼梯编辑前后的效果如图 8-8 所示。

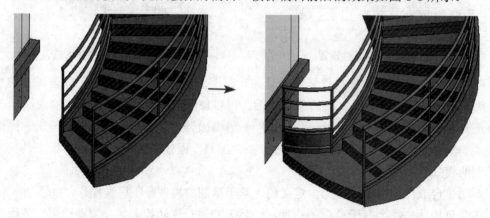

图 8-8　楼梯编辑前后效果

8.2　室内楼梯

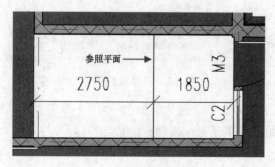

图 8-9　参照平面尺寸定位

进入"标高 1"视图，单击"建筑"选项卡，在"楼梯坡道"面板中选择"楼梯"命令，在类型选择器下拉列表中选择"组合楼梯 190mm 最大踢面 250mm 梯段"。

绘制参照平面，单击"工作平面"面板中的"参照平面"命令，按照如图 8-9 所示尺寸定位绘制一条参照平面。

在实例属性对话框中，设置"底部标高"

为"标高 1"、"顶部标高"为"标高 2"、"所需踢面数"为"24"、"实际踏板深度"为"250"。

点击"构件"面板中的"梯段"—"直梯",在选项栏中选择定位线为"梯段:右"、设置"实际梯段宽度"为"1100"、勾选"自动平台"前的复选框,如图 8-10 所示。

| 定位线: 梯段: 右　▼ | 偏移: 0.0 | 实际梯段宽度: 1100.0 | ☑自动平台 |

图 8-10　室内楼梯绘制选项栏

单击"编辑类型"按钮打开"类型属性"对话框,在"类型属性"对话框中单击"梯段类型"后的隐藏按钮打开该梯段类型的"类型属性"对话框,复制一个新的类型并重命名为"50mm 踏板 13mm 踢面-混凝土",分别单击"踏板材质"、"踢面材质"后的隐藏按钮,将材质设置为"混凝土-现场浇筑混凝土"。

移动光标至左下角起点位置,单击该点作为楼梯第一跑起跑位置,向右移动光标至参照平面后下角交点位置,下方出现灰色显示"创建了 12 个踢面,剩余 12 个"的提示字样和蓝色的临时尺寸,如图 8-11 所示。单击捕捉该交点作为第一跑终点位置,软件自动绘制了第一跑的踢面。

移动光标到右上角参照平面与墙体的交点位置,单击捕捉作为第二跑的起点位置,向左移动光标到参照平面端点外,下方出现灰色显示"创建了 12 个踢面,剩余 0 个"的提示字样和蓝色的临时尺寸,单击捕捉一点,软件会自动创建休息平台和第二跑楼梯。如图 8-12 所示。

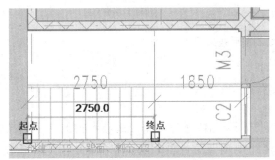 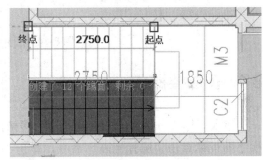

图 8-11　绘制第一跑楼梯　　　　图 8-12　绘制第二跑楼梯

单击选择刚绘制完成的楼梯平台,拖拽右侧的小箭头,使其与墙体内参边界重合,如图 8-13 所示,点击"完成编辑模式"按钮,完成楼梯的绘制。[15]

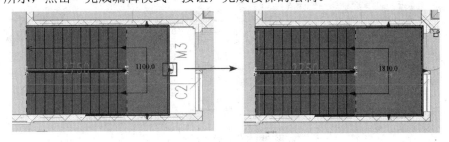

图 8-13　修改休息平台宽度

---

[15]全国 BIM 技能等级考试(一级)第二期第二题

8.3　洞口

　　根据绘制完成楼梯的情况，楼梯在二层楼板处不可见，需在楼梯间开设洞口。使用"竖井"命令可以创建一个跨多个标高的垂直洞口，对贯穿其间的屋顶、楼板和天花板进行剪切。

　　进入"标高 1"视图，单击"建筑"选项卡，在"洞口"面板中选择"竖井"命令，在"修改|创建竖井洞口草图"上下文选项卡内的"绘制"面板中选择"矩形"，沿楼梯间内墙绘制一个矩形，单击"完成编辑模式"完成竖井绘制。竖井绘制前后修改效果如图8-14 所示。

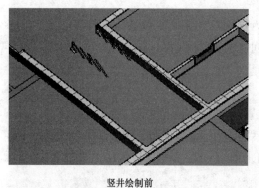
竖井绘制前

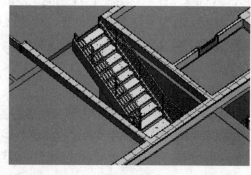
竖井绘制后

图 8-14　竖井绘制前后效果图

8.4　多层楼梯

　　进入"标高 1"视图，选择本层的楼梯，在"修改|楼梯"上下文选项卡内的"多层楼梯"面板中点击"选择标高"命令，弹出"转到视图"对话框，选择"立面：南"，单击"打开视图"（此时，"多层楼梯"面板中变为"连续标高+"和"断开标高−"两个命令，其中"连续标高+"为默认选项，可用框选和 Ctrl 键进行多选），选择"标高 3"，单击"完成"，如图 8-15 所示。软件自动创建其他楼层的楼梯和扶手。

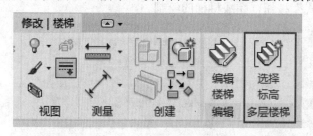

图 8-15　多层楼梯绘制

　　进入"标高 3"，将三层楼梯间的孔洞用楼板补上。切换到三维视图，在属性面板中勾选"剖面框"，调整到合适的角度，观察楼梯，如图 8-16 所示。

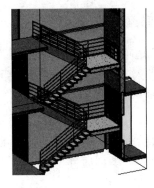

图 8-16　多层楼梯效果

8.5　栏杆扶手

使用栏杆扶手工具，可以添加独立式栏杆扶手或是附加到楼梯、坡道和其他主体上。在栏杆扶手类型属性对话框中可以编辑扶手（可以设置各扶手的高度、偏移、轮廓、材质等）、栏杆位置（可以设置栏杆和支柱的位置、对齐方式等）、顶部扶栏等内容，如图 8-17 所示。

类型参数		
参数	值	
构造		
栏杆扶手高度	900.0	编辑扶栏
扶栏结构(非连续)	编辑...	
栏杆位置	编辑...	
栏杆偏移	0.0	编辑栏杆位置
使用平台高度调整	否	
平台高度调整	0.0	
斜接	添加垂直/水平线段	
切线连接	延伸扶手使其相交	
扶栏连接	修剪	

顶部扶栏		
使用顶部扶栏	是	
高度	900.0	编辑顶部扶栏
类型	圆形 - 40mm	

图 8-17　栏杆扶手类型属性

Revit 中相关栏杆扶手的命名规则如图 8-18 所示。

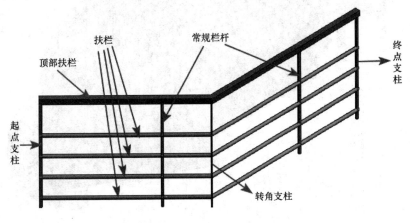

图 8-18　栏杆扶手命名规则

8.5.1　屋顶平台放置栏杆

单击"建筑"选项卡，在"楼梯坡道"面板中选择"栏杆扶手"下拉按钮下的"绘制路径"命令，进入"修改|创建栏杆扶手路径"上下文选项卡，在类型选择器中选择"栏杆扶手 900 圆管"，点击"编辑类型"按钮，复制一个新类型并命名为"栏杆-屋顶栏杆"。

在类型属性对话框中，设置顶部扶栏的高度为"1050"。点击顶部扶栏"类型"后的隐藏按钮，在弹出的"类型属性"对话框的"类型"中选择顶部扶栏类型为"矩形-50×50mm"，如图 8-19 所示。

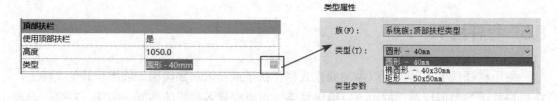

图 8-19　顶部扶栏选择

图 8-20　顶部扶栏设置

复制并重命名为新的顶部扶栏类型为"矩形-50×50mm-柚木"，如图 8-20 所示，修改"材质和装饰"中的"材质"为"柚木"、勾选"使用渲染外观"。

进入标高 2 视图，在 5-10/A-D 区域的圆弧屋顶绘制栏杆，同时将室外螺旋楼梯的栏杆类型修改为"栏杆-屋顶栏杆"。完成后的效果如图 8-21 所示。

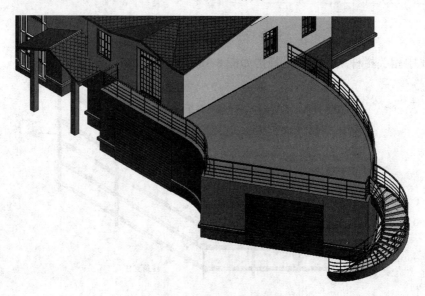

图 8-21　屋顶平台栏杆

8.5.2 编辑栏杆扶手

在类型选择器中选择"栏杆-屋顶栏杆",复制重命名为"栏杆扶手1",类型属性对话框中单击"顶部扶栏"类型右侧的隐藏按钮,在新打开的"类型属性"对话框中复制重命名为"顶部扶栏类型文件"。

在"顶部扶栏类型文件"类型属性对话框中将"延伸(起始/底部)"的"延伸样式"设置为"墙"、"长度"设置为"300";"延伸(结束/底部)"的"延伸样式"设置为"楼层"、"长度"设置为"600";"终端"的"起始/底部终端"设置为"端头-木材-矩形",如图8-22所示。

顶部扶栏的效果如图8-23所示。

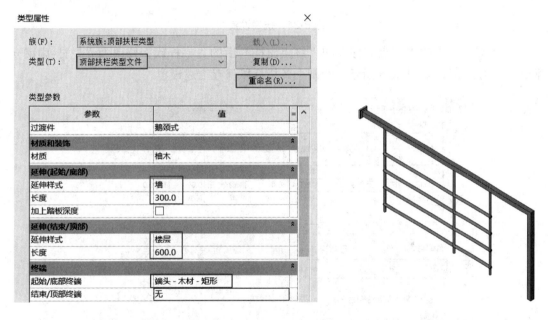

图8-22 顶部扶栏参数设置　　　　　　　　　　　图8-23 顶部扶栏效果图

单击"建筑"选项卡,在"楼梯坡道"面板中选择"栏杆扶手"下拉按钮中的"绘制路径"命令,进入"修改|创建栏杆扶手路径"上下文选项卡,在类型选择器中选择"栏杆扶手1"。

单击类型参数对话框中"扶栏结构(非连续)"后的"编辑"选项,将扶栏1、扶栏2、扶栏3、扶栏4对应的高度分别设置为700mm、600mm、200mm、100mm,将扶栏1、扶栏2、扶栏3、扶栏4对应的轮廓及材质均设置为"圆形扶手:40mm"及"不锈钢",如图8-24所示。

点击"确定"退出"编辑扶手(非连续)"对话框。在"类型属性"对话框中,单击顶部扶栏"类型"后的隐藏按钮,将顶部扶栏的类型由"顶部扶栏类型文件"改为"圆形-40mm",将"圆形-40mm"对应的轮廓修改为"圆形扶手:40mm"。

单击类型参数对话框中"栏杆位置"后的"编辑"选项,在"编辑栏杆位置"对话框中,将"主样式"中的"常规栏杆"后的"栏杆族"修改为"栏杆-正方形:25mm"、"底部”设置为“扶栏 4”、“顶部”设置为“顶部扶栏图元”、“相对前一栏杆的距离”设置为“1000”、“对齐”设置为“中心”。

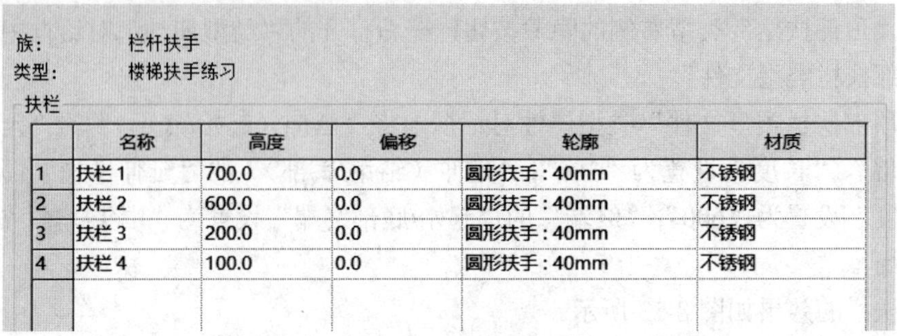
族： 栏杆扶手
类型： 楼梯扶手练习
扶栏

	名称	高度	偏移	轮廓	材质
1	扶栏 1	700.0	0.0	圆形扶手 : 40mm	不锈钢
2	扶栏 2	600.0	0.0	圆形扶手 : 40mm	不锈钢
3	扶栏 3	200.0	0.0	圆形扶手 : 40mm	不锈钢
4	扶栏 4	100.0	0.0	圆形扶手 : 40mm	不锈钢

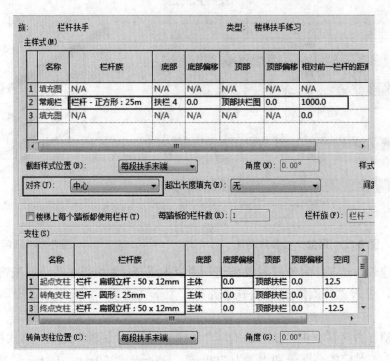

图 8-24 扶栏设置

将“支柱”中的“起点支柱”和“终点支柱”后的“栏杆族”修改为“栏杆-扁钢立杆：50×12mm”，如图 8-25 所示。绘制一条栏杆以保存上述设置。

族: 栏杆扶手 类型: 楼梯扶手练习
主样式(M)

	名称	栏杆族	底部	底部偏移	顶部	顶部偏移	相对前一栏杆的距离
1	填充图	N/A	N/A	N/A	N/A	N/A	N/A
2	常规栏	栏杆 - 正方形 : 25m	扶栏 4	0.0	顶部扶栏图	0.0	1000.0
3	填充图	N/A	N/A	N/A	N/A	N/A	0.0

截断样式位置(B): 每段扶手末端 角度(N): 0.00°
对齐(J): 中心 超出长度填充(E): 无
楼梯上每个踏板都使用栏杆(T) 每踏板的栏杆数(R): 1 栏杆族(F): 栏杆 -
支柱(S)

	名称	栏杆族	底部	底部偏移	顶部	顶部偏移	空间
1	起点支柱	栏杆 - 扁钢立杆 : 50 x 12mm	主体	0.0	顶部扶栏	0.0	12.5
2	转角支柱	栏杆 - 圆形 : 25mm	主体	0.0	顶部扶栏	0.0	0.0
3	终点支柱	栏杆 - 扁钢立杆 : 50 x 12mm	主体	0.0	顶部扶栏	0.0	-12.5

转角支柱位置(C): 每段扶手末端 角度(G): 0.00°

图 8-25 栏杆扶手设置

切换至“标高 2”，单击“建筑”选项卡，在“楼梯坡道”面板中选择“栏杆扶手”下拉按钮下的“绘制路径”命令，进入“修改|创建栏杆扶手路径”上下文选项卡，在类型选择器中选择前面编辑的“栏杆扶手 1”。在“绘制”面板中选择“拾取线”，选择二层平台部分的圆弧线，如图 8-26 所示。

点击“完成编辑模式”，切换至三维视图，在属性栏中使用“剖面框”命令进行查看，完成后的效果如图 8-27 所示。

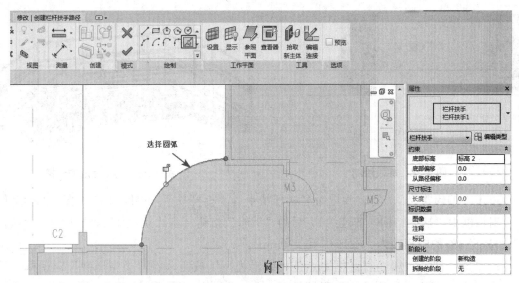

图 8-26 二层平台添加扶手栏杆

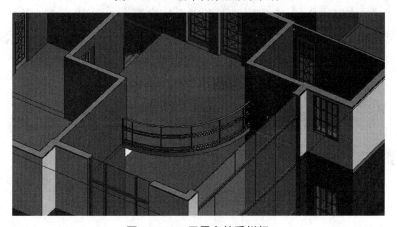

图 8-27 二层平台扶手栏杆

8.5.3 布置室外造型楼梯

进入"标高 1"视图，单击"建筑"选项卡，在"楼梯坡道"面板中选择"楼梯"命令，在类型选择器下拉列表中选择"整体浇筑楼梯"。在属性对话框中，将"底部标高"设置为"标高 1"、"顶部标高"设置为"标高 1"、"顶部偏移"设置为"650"，"所需踢面数"设置为"4"、"实际踏板深度"设置为"280"，选项栏中将"实际梯段宽度"设置为"2000"。

通过"梯段"命令绘制第一段梯段，再绘制一个参照平面，选择绘制好的梯段，点击"镜像|拾取轴"命令，拾取参照平面，生成另一梯段，如图 8-28 所示。

在"修改|创建楼梯"上下文选项卡内的"构件"面板中选择"平台"命令中的"拾取两个梯段"命令，拾取两个梯段，点击"完成编辑模式"，自动生成楼梯、平台及栏杆。初步完成的楼梯如图 8-29 所示。选中刚绘制完成的楼梯栏杆，将栏杆的类型设置为"栏杆扶手 1"。

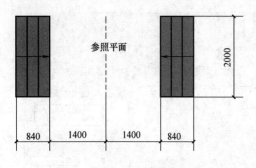

参照平面

2000

840 1400 1400 840

图 8-28 梯段绘制

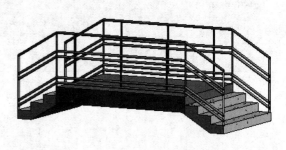

图 8-29 初步完成的楼梯

单击"编辑类型",复制并重命名栏杆扶手为"栏杆扶手-室外楼梯",单击"类型属性"对话框中"扶栏结构(非连续)"后的"编辑"按钮,将"扶栏 1"、"扶栏 2"、"扶栏 3"、"扶栏 4"的轮廓改为"圆形扶手:30mm"。

选中该楼梯,在属性对话框中点击"编辑类型"按钮,将"类型属性"对话框中的"平台类型"中的"整体厚度"设置为"650","整体式材质"设置为"混凝土-现场浇筑混凝土","表面填充图案"、"截面填充图案"均设置为"混凝土-素混凝土","梯段类型"中的"整体式材质"设置为"混凝土-现场浇筑混凝土"。绘制完成后的效果如图 8-30 所示。[16]

图 8-30 绘制完成的楼梯

[16]全国 BIM 技能等级考试(一级)第七期第二题

第 9 章　坡　　道

坡道的创建方法和楼梯非常相似，本章简要进行讲解。

单击"建筑"选项卡，在"楼梯坡道"面板中选择"坡道"命令，进入绘制模式：在属性面板中，设置"底部标高"为"室外地坪"、"顶部标高"为"室外地坪"、"顶部偏移"为"200"、"宽度"设置为"4100"，如图 9-1 所示。

点击"编辑类型"按钮，打开"类型属性"对话框，设置"造型"为"实体"，如图 9-2 所示。

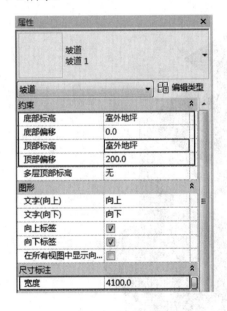

图 9-1　设置坡道参数

图 9-2　造型设置

单击"工具"面板中的"栏杆扶手"命令，设置"栏杆扶手"类型为"无"，如图 9-3 所示。

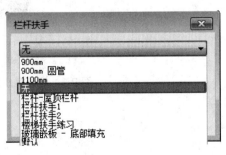

图 9-3　取消栏杆扶手

单击"绘制"面板中的"梯段"命令，选择"线"，移动光标到绘图区域，从上到下拖拽光标绘制坡道梯段，单击"完成编辑模式"命令，创建坡道，单击"向上翻转楼梯的方向"箭头，如图 9-4 所示。

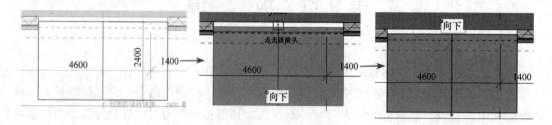

图 9-4　坡道创建

同理绘制另一卷帘门下的坡道，绘制完成的模型如图 9-5 所示。

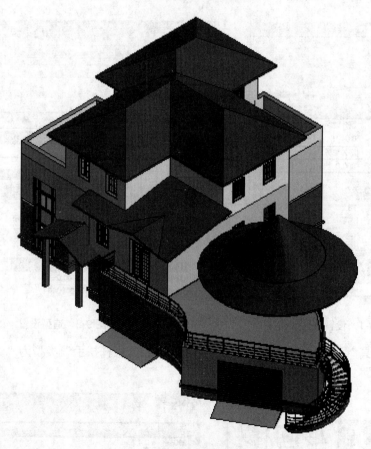

图 9-5　坡道完成后的模型

第 10 章　柱、梁、结构构件

本章主要讲述如何创建和编辑建筑柱、结构柱、梁、结构支架等，使读者了解建筑柱和结构柱的应用方法和区别。软件自加载了一些柱、梁类型，如果工程需要的类别超出了自加载的族，可以通过"载入族"来添加类别。

10.1　建筑柱

建筑柱与结构柱的创建和放置方法类似，单击"建筑"选项卡，在"构建"面板"柱"命令的下拉按钮中选择"柱：建筑"命令进行创建和放置，相关做法在第 7 章中的 7.2 节有相关介绍。在选项栏上指定下列内容：

① 放置后旋转：选择此选项可以在放置柱后立即将其旋转。

② 标高：（仅限三维视图）为柱的底部选择标高，在平面视图中，该视图的标高即为柱的底部标高。

③ 高度：此设置从柱的底部向上绘制。要从柱的底部向下绘制，请选择"深度"。

④ 标高/未连接：选择柱的顶部标高；或者选择"未连接"，然后指定柱的高度。

⑤ 房间边界：选择此选项可以在放置柱之前将其指定为房间边界。

设置完成后，在绘图区域中单击以放置柱。通常情况下，通过选择轴线或墙放置柱时将使柱对齐轴线或墙。如果在随意放置柱之后要将它们对齐，请单击"修改"选项卡下"修改"面板 中的"对齐"工具，然后根据状态栏的提示，选择要对齐的柱。在柱的中间是两个可选择用于对齐的垂直参照平面。

10.2　结构柱

接上一节练习，在项目浏览器中双击"楼层平面"下的"标高 1"，打开一层平面视图，创建一层平面结构柱。

如图 10-1 所示，单击"建筑"选项卡，在"构建"面板中选择"柱"命令的下拉按钮，选择"结构柱"命令（或是在"结构"选项卡的"结构"面板中直接选择"柱"命令），在类型选择器中选择柱类型"混凝土-矩形-柱：结构柱 300×300mm"，在"编辑类型"中采用复制的方法将其改为"结构柱 400×400mm"，在选项栏上选择"高度"和"标高 2"。选项栏上的其他参数与建筑柱的相同。

绘制结构柱有如下方法，方法一：直接点取轴线交点；方法二：使用"在轴网交点处"命令；方法三：使用"在建筑柱处"命令。

在"修改|放置结构柱"选项卡的"放置"面板中选择"垂直柱"命令，分别点选 1 轴

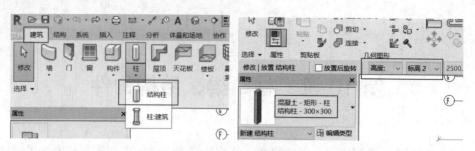

图 10-1　选择结构柱

与 B、D 轴的交点，2 轴与 D、F 轴的交点，3 轴与 B 轴的交点，4 轴与 A 和 B 轴间、F、G 轴的交点，5 轴与 A 轴的交点，6 轴与 E、G 轴的交点，7 轴与 D、E 轴的交点。最终放置完成的效果如图 10-2 所示。

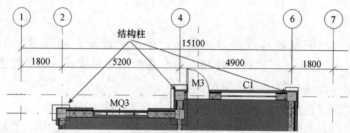

图 10-2　结构柱放置完成局部效果图

　　创建二层平面结构柱的操作方法与一层的步骤相同，但需注意的是要在项目浏览器中双击选择"楼层平面"下的"标高 2"进行结构柱的放置，且在选项栏上要选择"高度"和"标高 3"进行后续操作，其中 5 轴与 A 轴交点处不放置结构柱。

　　如图 10-3 所示，分别选取图中的建筑柱和结构柱，可通过属性对话框发现两者的区别，结构柱比建筑柱属性值多，主要增加了材质和装饰、结构（钢筋）等内容。此外，在

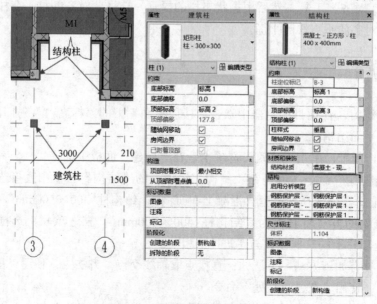

图 10-3　建筑柱和结构柱的区别

结构柱放置时，可直接在"修改|放置结构柱"选项卡内的"多个"面板中选择"在建筑柱处"命令，在选定的建筑柱内部直接创建结构柱（结构柱捕捉到建筑柱的中心）。反之，结构柱不能用于创建建筑柱。

10.3 梁

接上一节练习，创建和放置结构梁，在项目浏览器中双击"楼层平面"下的"标高2"，打开二层平面视图，创建一层平面结构梁。

如图 10-4 所示，单击"结构"选项卡，在"结构"面板中选择"梁"命令，在类型选择器中选择梁类型"混凝土-矩形梁 300×600mm"，在"编辑类型"中采用复制方法将其改为"梁 300×500mm"。

在"修改|放置梁"选项卡中，可利用"绘制"面板通过单击起点和终点进行绘制梁，也可选择按所绘梁的几何图形形状进行绘制，也可选择"多个"面板中"在轴网上"命令选择轴网进行绘制。通过选择选项栏中的放置平面、结构用途，或者勾选三维捕捉或链等内容对梁进行设置。

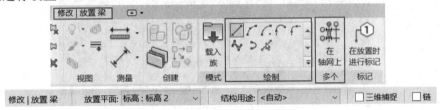

图 10-4　修改|放置梁选项卡及选项栏内容

在"修改|放置梁"选项卡中，单击"多个"面板中的"在轴网上"命令，选择 1-7 轴、B-G 轴，单击"完成按钮"；单击"绘制"面板中的"直线"命令，在未生成梁的 4-7 轴与 A-B 轴间、7 轴上 B-D 轴间、E 轴上 6-7 轴间进行绘制。如图 10-5 所示，框选标高 2 上所有图元，利用"过滤器"选择所有的结构梁，在属性对话框中，将"Z 轴偏移量"改为 0，修改后梁与楼板的上表面对齐。

可以采用近似的方法创建其他楼层的结构梁，由于篇幅限制，此处不再赘述。

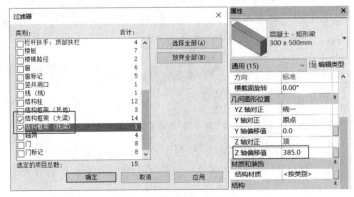

图 10-5　修改梁的位置

第 11 章　场地和其他

本章主要介绍建筑外场地和其他附属的设置，场地平面图如图 11-1 所示。

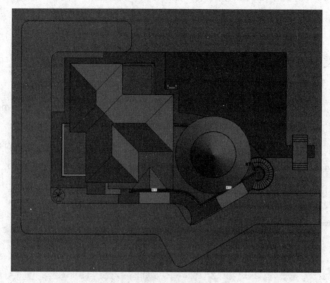

图 11-1　场地平面图

11.1　地形表面

地形表面是建筑场地地形或地块的图形表示。默认情况下，楼层平面视图不显示地形表面，可以在三维视图或场地平面中创建地形表面。"地形表面"工具使用点或导入的数据来定义地形表面。

在项目浏览器中双击"楼层平面"下的"场地"，进入场地平面视图。在"体量和场地"选项卡的"场地建模"面板中选择"地形表面"命令，进入"修改|编辑表面"选项卡，如图 11-2 所示。

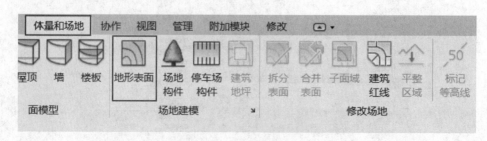

图 11-2　地形表面命令

如图 11-3 所示，在"修改|编辑表面"选项卡内的"工具"面板中选择"放置点"命令，在选项栏中设置高程为"-150"，在绘图区域放置四个高程为"-150"的点，如图 11-3 中的"1"、"2"、"3"、"4"点所示，单击"完成表面"。

图 11-3　设置高程及放置点

切换至三维视图，选择建成的场地，在属性对话框中将材质设置成"场地-草"，关闭所有对话框，此时给场地表面添加了草地材质，如图 11-4 所示。

图 11-4　设置草地材质

11.2　建筑地坪

"建筑地坪"工具适用于快速创建水平地面、停车场、水平道路等，可以为地形表面添加建筑地坪，然后修改地坪的结构和深度。

在项目浏览器中双击"楼层平面"下的"室外地坪"，进入室外地坪平面视图。在"体量和场地"选项卡内的"场地建模"面板中选择"建筑地坪"命令，进入建筑地坪草图绘制模式，选择"绘制"面板中的"拾取墙"命令，设置偏移值为"1500"，选取墙体进行轮廓绘制，在 A 轴侧入户门区域进行修剪，绘制完成后的效果如图 11-5 所示。

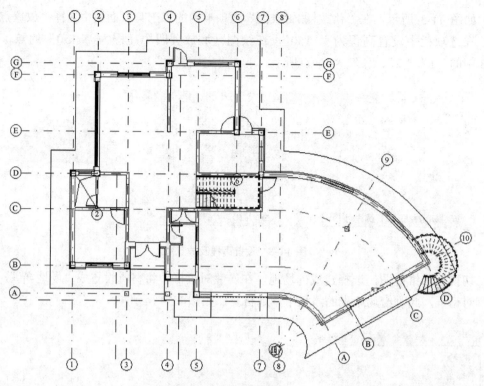

图 11-5 建筑地坪轮廓

点击"完成编辑模式"完成建筑地坪的创建，选中创建的建筑地坪，在属性对话框中打开"编辑类型"对话框，在"结构"中打开"编辑部件"对话框，在"按类别"中设置材质为"场地-碎石"，如图 11-6 所示。

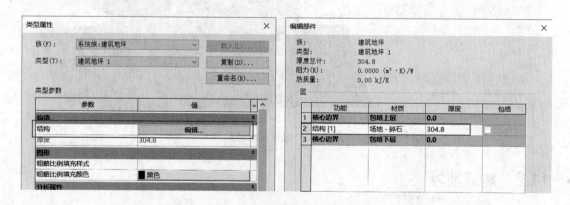

图 11-6 建筑地坪材质设置

利用"建筑地坪"工具在别墅的东北角创建一个游泳池，游泳池设置浅水区和深水区。

首先绘制浅水区，切换至"室外地坪"视图，在"体量和场地"选项卡内的"场地建模"面板中使用"建筑地坪"命令，进入建筑地坪草图绘制模式，按图 11-7 所示尺寸绘制建筑地坪轮廓线，并将自标高的标高偏移设置为-600mm，点击"完成编辑模式"完成游泳池浅水区的绘制。

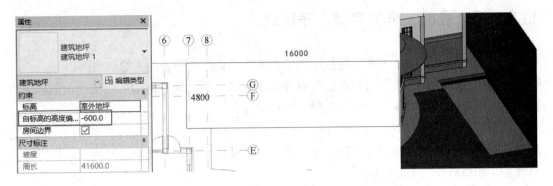

图 11-7　绘制游泳池浅水区

其次绘制深水区，切换至"室外地坪"视图，在"体量和场地"选项卡内的"场地建模"面板中使用"建筑地坪"命令，进入建筑地坪草图绘制模式，按图 11-8 所示尺寸绘制建筑地坪轮廓线，绘制完成后再按照图示位置放置坡度箭头，在属性对话框中将尾高度偏移设置为"-600"（与浅水区相接），头高度偏移设置为"-1500"（深水区最深处），点击"完成编辑模式"，完成游泳池深水区的绘制，游泳池中水的创建将在后续章节中进行介绍。

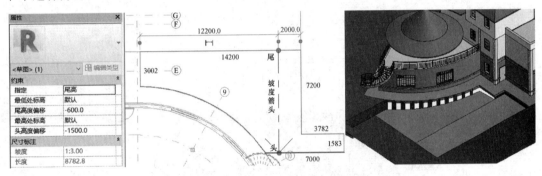

图 11-8　绘制游泳池深水区

将 8.5.3 节创建的室外造型楼梯利用移动、旋转等命令将其调整至别墅东侧，并将底部标高偏移设置为"-150"，最终效果如图 11-9 所示。

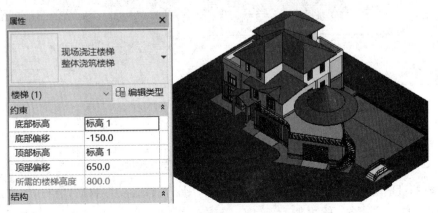

图 11-9　调整室外造型楼梯

11.3 拆分表面、合并表面、子面域

完成绘制建筑地坪后，本节将使用"子面域"工具在地形表面上绘制道路。

（1）"子面域"工具是对现有的地形表面绘制一定的区域。例如可以使用子面域在地形表面绘制道路、停车场、转向箭头和禁用标记等内容。

（2）子面域工具和建筑地坪不同，建筑地坪工程会创造出单独的水平表面，并剪切地形，而创建子面域不会生成单独的地平面，而是在地形表面上圈定了某块可以定义不同属性集（如材质）的表面区域。

创建子面域不会生成单独的表面，若要创建可独立编辑的单独表面，可使用"拆分表面"或"合并表面"工具。

在项目浏览器中双击"楼层平面"下的"场地"，进入场地平面视图。在"体量和场地"选项卡内的"修改场地"面板中使用"子面域"命令，进入草图编辑模式，按图11-10 所示进行绘制，道路宽 4000mm，并将相关直角修改为半径为 1000 mm 的圆弧。

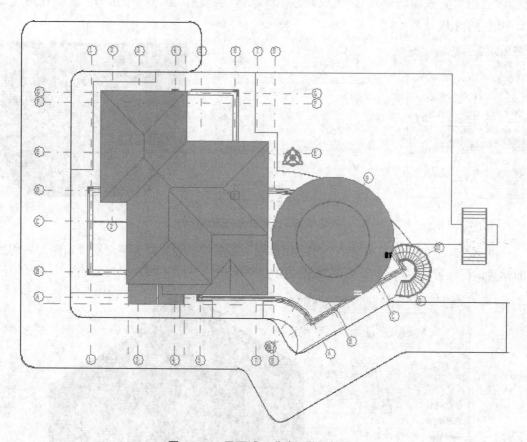

图 11-10　子面域（道路）草图轮廓

如图 11-11 所示，在属性对话框中，选择"沥青（道路）"材质，点击"完成编辑模式"完成子面域（道路）的绘制。

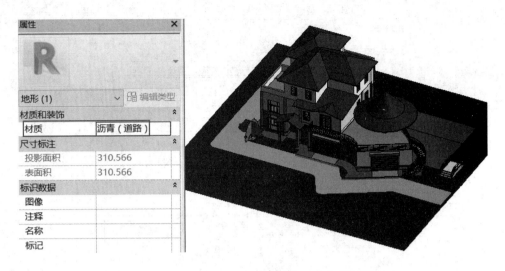

图 11-11　子面域（道路）材质设置及完成效果图

11.4　建筑红线

在 Revit 当中创建建筑红线，可以选择"通过输入距离和方向角来创建"或"通过绘制来创建"。绘制完成的建筑红线，系统会自动生成面积信息，并可以在明细表中统计。

在项目浏览器中双击"楼层平面"下的"场地"，进入场地平面视图。在"体量和场地"选项卡内的"修改场地"面板中点击"建筑红线"，弹出"创建建筑红线"对话框，出现两种绘制方式，若选择"通过绘制来创建"，在"绘制"面板中可选择合适的方式进行绘制，如图 11-12 所示。

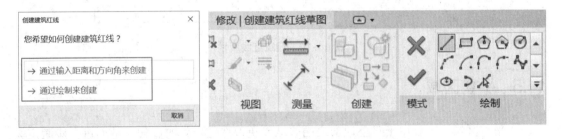

图 11-12　"通过绘制来创建"绘制建筑红线

本案例采用在"创建建筑红线"对话框中选择"通过输入距离和方向角来创建"的方法，在"建筑红线"对话框中通过"插入"增加信息，然后从测量数据中添加距离和方向角，根据需求插入其余的线，通过"向上"、"向下"进行调整建筑红线顺序，如图 11-13 所示，在绘图区域中将建筑红线移动到确切位置，单击放置建筑红线。

如图 11-14 所示，单击选中"建筑红线"，在属性对话框中可以看到建筑红线面积值，该值为只读，不可在此参数中输入新的值，在项目所需的经济技术指标中可根据此数据填写基地面积。

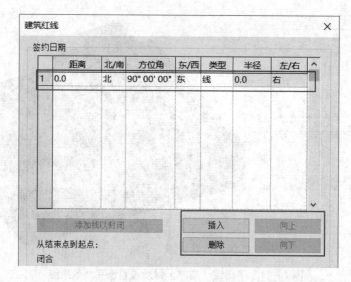

图 11-13　"通过输入距离和方向角来创建"绘制建筑红线

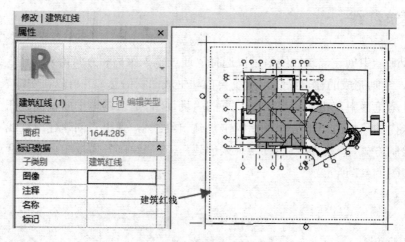

图 11-14　建筑红线属性

11.5　平整区域

"平整区域"工具用于平整地形表面区域、更改选定点处的高程，从而进一步制定场地设计。若要创建平整区域，需选择一个地形表面，该地形表面应为当前阶段一个现有的表面。Revit 会将原始表面标记为已拆除并生成一个带有匹配边界的副本，Revit 会将此副本标记为在当前阶段新建的图元。

在项目浏览器中双击"楼层平面"下的"场地"，进入场地平面视图。在"体量和场地"选项卡内的"修改场地"面板中点击"平整区域"，弹出"编辑平整区域"对话框，Revit 提供两种方式："创建与现有地形表面完全相同的新地形表面"和"仅基于周界点新建地形表面"，如图 11-15 所示，根据工程实际需求选择不同方式进行场地设计，这里不做详细介绍。

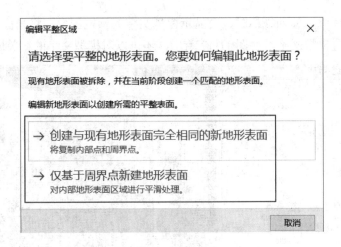

图 11-15　平整区域两种方式

11.6　场地构件

Revit 可在场地平面中放置场地专用构件（如树、电线杆和消防栓）。如果未在项目中载入场地构件，则会出现提示消息"指出尚未载入相应的族"。

打开显示要修改的地形表面的视图，切换到"体量和场地"选项卡，单击"场地建模"面板中的"场地构件"，从"类型选择器"中选择所需的构件。在绘图区域中单击以添加一个或多个构件，如图 11-16 所示。

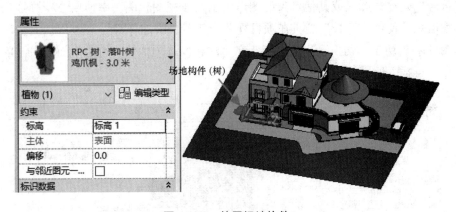

图 11-16　放置场地构件

11.7　模型文字

"模型文字"工具用于将模型文字添加到设计中，以显示记号或在建筑或墙上创建文字。首先通过"建筑"或"结构"选项卡内"工作平面"面板中的"设置"命令，选取主入口雨棚上方墙体作为工作平面。在"建筑"或"结构"选项卡内的"模型"面板中，单击"模型文字"命令，在"编辑文字"对话框中输入文字"别墅"，并单击"确定"。将光标放置到绘图区域中，移动光标时，会显示模型文字的预览图像。将光标移到所需的位置，并单击鼠标以放置模型文字，如图 11-17 所示，还可以对模型文字的相关属性进行设置。

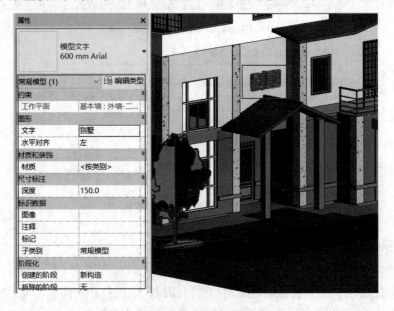

图 11-17　模型文字设置方式

11.8　符号

"符号"是注释图元或其他对象的图形表示，在视图和图例中使用注释符号来传达设计的详细信息，使用"符号"工具在项目视图中放置二维注释符号。

如图 11-18 所示，切换至平面视图，在"注释"选项卡的"符号"面板中，单击"符号"命令，可插入所需要的二维符号。

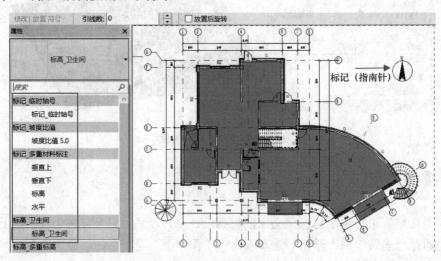

图 11-18　符号设置方式

第 12 章　房间和面积

12.1　房间和面积

12.1.1　房间和面积概述

房间是基于图元对建筑模型中的空间进行细分的部分，主要的图元有：

① 墙（幕墙、标准墙、内建墙、基于面的墙）

② 屋顶（标准屋顶、内建屋顶、基于面的屋顶）

③ 楼板（标准楼板、内建楼板、基于面的楼板）

④ 天花板（标准天花板、内建天花板、基于面的天花板）

⑤ 柱（建筑柱、材质为混凝土的结构柱）

⑥ 幕墙系统

⑦ 房间分隔线

⑧ 建筑地坪

这些图元定义为房间边界图元，Revit 在计算房间周长、面积和体积时会参考这些房间边界图元。可以启用/禁用很多图元的"房间边界"参数。当空间中不存在房间边界图元时，还可以使用房间分隔线进一步分割空间。当添加、移动或删除房间边界图元时，房间的尺寸将自动更新。

面积是对建筑模型中的空间进行再分割形成的，其范围通常比各个房间范围大。不过，面积不一定以模型图元为边界，可以绘制面积边界，也可以拾取模型图元作为边界。添加模型图元时，有些面积边界不能自动改变，需要指定面积边界：

（1）某些面积边界是静态的，即这种面积边界不会自动改变，必须手动修改。

（2）某些面积边界是动态的，这种边界与基本模型图元保持相连。如果模型图元移动，面积边界将会随之移动。

12.1.2　创建房间

在创建房间前，需要设置房间面积和体积的计算规则，在"建筑"选项卡内的"房间和面积"面板中，点击下拉菜单，选择"面积和体积计算"选项，打开"面积和体积计算"对话框，设置房间面积和体积的计算规则。在"计算"选项卡中确认体积计算方式为"仅按面积（更快）"，即仅计算面积而不计算房间体积；设置房间面积计算规则为"在墙面面层"，即房间边界位于房间内的面层面上。完成后单击"确定"按钮，完成相关设置。

使用"房间"工具在平面视图中创建房间，或将其添加到明细表内便于以后放置在模型中，具体的操作为：

在项目浏览器中双击"楼层平面"下的"标高 1"，打开一层平面视图，创建一层平面房间。在"建筑"选项卡内的"房间和面积"面板中，单击"房间"命令，在属性对话框中选择带面积的房间标记，将鼠标指针放置于有封闭空间的房间，单击鼠标左键放置，双击房间名称进入编辑状态，此时房间以红色线段显示，然后输入房间名称为"卫生间"，按 Enter 键确认，如图 12-1 所示，按照相同的方法，放置其他房间并修改各个房间名称。

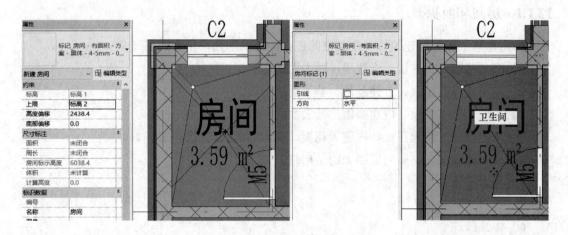

图 12-1　设置房间

标记样式如不满足实际需求，需自行修改时，可进行族编辑，进入标记族，进行相关修改后，单击"载入到项目中"，选择"覆盖现有版本及其参数值"进行替换。

12.2　房间分隔

使用"房间分隔线"工具可添加和调整房间边界。房间分隔线是房间边界，在房间内指定另一个房间时，分隔线十分有用，如起居室中的就餐区，此时房间之间不需要墙。房间分隔线在平面视图和三维视图中均可见。如果创建了一个以墙作为边界的房间，则默认情况下，房间面积是基于墙的内表面计算得出的。如果要在这些墙上添加洞口，并且仍然保持单独的房间面积计算，则必须绘制通过该洞口的房间分隔线，以保持最初计算得出的房间面积。具体的操作如下：

切换至一层平面，在"建筑"选项卡内的"房间和面积"面板中，单击"房间分隔"命令，选择"直线"命令，在一层大厅区域添加房间分隔线，将其分成三个区域，如图 12-2 所示。并采用上节的方法对其进行标记，修改房间名称。这样，将一层大厅区域分隔成了客厅、餐厅和门厅等三块区域。

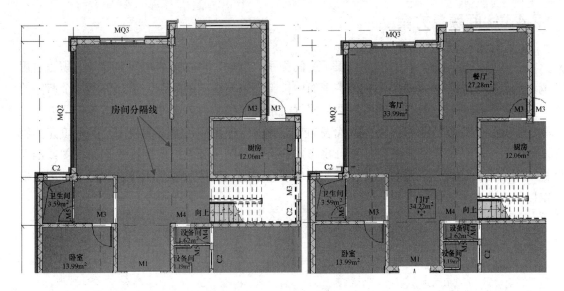

图 12-2 补充置房间分隔线

12.3 房间标记

如果在创建房间时未使用或忘记选择"在放置时进行标记"选项，可以通过"房间标记"工具进行补充标记。

一层平面中，在"建筑"选项卡内的"房间和面积"面板中，单击"标记房间"下拉菜单，选择"标记房间"命令，对未进行标记的房间进行标记，如图 12-3 所示。在选项栏中可执行指明所需房间的标记方向（水平、垂直和模型）和是否需要引线等操作。

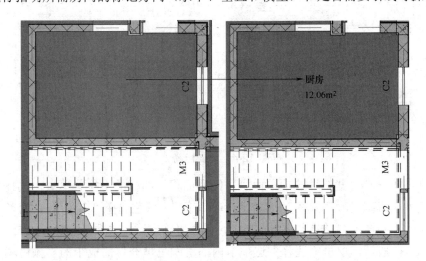

图 12-3 补充房间标记

【注】 使用"标记所有未标记的对象"工具，在视图中对所有未标记的房间进行标记。在某些情况下，例如在楼层平面视图中放置房间并对其进行了标记，并希望在天花板投影平面视图中可显示这些房间的标记时，该工具十分有用。

12.4　房间颜色方案

"颜色方案"用于以图形方式表示空间类别。例如，可以按照房间名称、面积、占用或部门创建颜色方案。如果要在楼层平面中按部门填充房间的颜色，那么可将每个房间的"部门"参数值设置为必需的值，然后根据"部门"参数值创建颜色方案，接着可以添加颜色填充图例，以标识每种颜色所代表的部门。对于使用颜色方案的视图，颜色填充图例是颜色表示的关键所在。颜色方案可将指定的房间和区域颜色应用到楼层平面视图或剖面视图中。可向已填充颜色的视图中添加颜色填充图例，以标识颜色所代表的含义。可以根据以下内容的参数值应用颜色方案：

（1）房间

（2）面积

（3）空间或分区

（4）管道或风管

要使用颜色方案，必须先在项目中定义房间、面积、空间、分区、管道或风管，可以在"属性"选项板上指定参数值。

在项目浏览器中，右键单击"标高 1"，选择"复制视图"中的"带细节复制"，并重命名为"标高 1 颜色填充方案"，如图 12-4 所示。

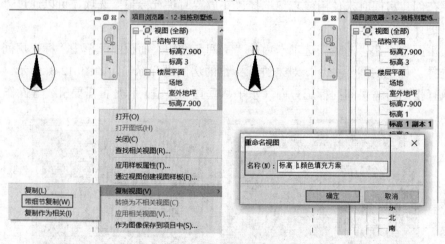

图 12-4　复制标高 1

当前视图下，在"建筑"选项卡内"房间和面积"面板的下拉菜单中，选择"颜色方案"命令，弹出"编辑颜色方案"，类别选择"房间"，颜色选择"名称"，此时软件将自动读取项目房间，并显示在当前房间列表当中，单击"确定"完成颜色方案，如图 12-5 所示。

如图 12-6 所示，单击"注释"选项卡内的"颜色填充"面板中的"颜色填充图例"命令，单击空白位置放置，在弹出的"选择空间类型和颜色方案"对话框中选择"房间"和"方案 1"。

单击确定后，房间图例放置完成后的效果图如图 12-7 所示，填充图例的位置可进行拖动调整，也可通过拖拽控制柄改变图例的排列方向。

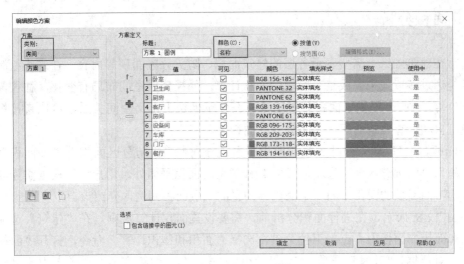

图 12-5　编辑颜色方案

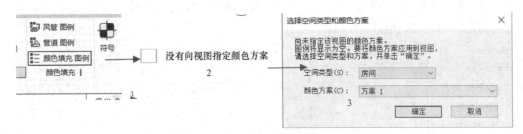

图 12-6　选择空间类型和颜色方案

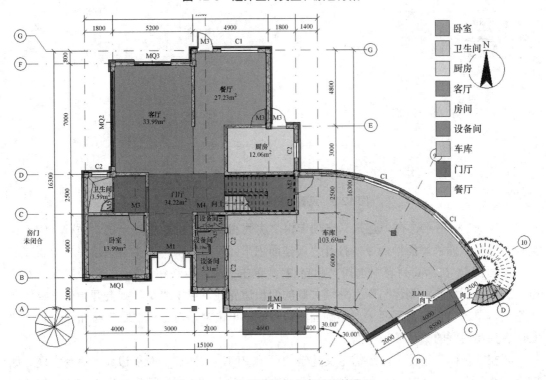

图 12-7　一层房间颜色方案最终效果图

12.5　面积分析

通常在建筑图纸上需要表示各层的建筑面积、防火分区面积等内容。在二维绘制中，一般都是通过多段线来完成整个区域的面积计算，如果楼层空间布局有变化，往往需要重新进行计算。Revit 提供了面积分析工具，在建筑模型中定义空间关系，可以直接根据现有的模型自动计算建筑面积、各防火分区面积等。

Revit 默认可以建立四种类型的面积平面，分别是"人防分区面积"、"净面积"、"总建筑面积"、"防火分区面积"。除上述 4 种类型的面积平面外，用户可以根据实际需求，自己新建不同类型的面积平面。下面以本别墅的二层面积为例，介绍该自定义功能。

如图 12-8 所示，在进行面积分析前，需要设置面积计算规则，在"建筑"选项卡内"房间和面积"面板中，点击下拉菜单，选择"面积和体积计算"命令，打开"面积和体积计算"对话框，"计算"选项卡上采用默认方式，在"面积方案"选项卡中，单击"新建"按钮新建面积平面，修改"名称"为"二层面积"，修改"说明"为"别墅二层面积"，单击"确定"退出对话框。

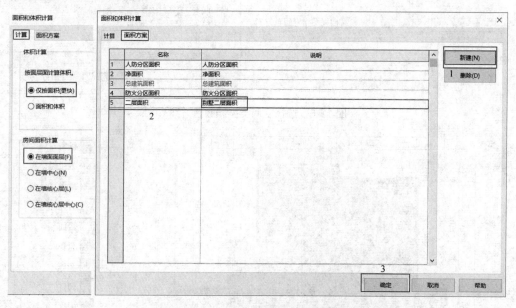

图 12-8　设置面积和体积计算对话框

如图 12-9 所示，在"建筑"选项卡内"房间和面积"面板中，点击"面积"的下拉菜单，选择"面积平面"命令，打开"新建面积平面"对话框，在类型中选择之前新建的"二层面积"，在标高列表中选择"标高 2"，单击"确定"按钮。Revit 会弹出提示对话框，询问是否要自动创建与所有外墙关联的面积边界线，单击"是"则会开始创建整体面积平面，单击"否"则需要手动绘制面积边界线。单击提示对话框"是"按钮，自动创建与所有外墙关联的整体面积平面。

若在整体面积平面中，还需定义建筑的可用空间，可通过"面积边界"命令实现。如图 12-10 所示，在上述自动创建整体面积平面的基础上，在"建筑"选项卡内"房间和面

积"面板中,点击"面积边界"命令,通过使用"修改|放置面积边界"选项卡内"绘制"面板中的相关命令,将二层中庭位置的面积边界绘制完成。

图 12-9 设置新建面积平面对话框

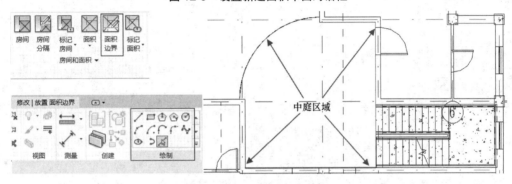

图 12-10 绘制中庭区域

如图 12-11 所示,在"建筑"选项卡内"房间和面积"面板中,点击"面积"的下拉菜单,选择"面积"命令,属性对话框中选择面积标记类型为"标记-面积",移动鼠标至上一步骤绘制的中庭面积边界内部并单击,在该面积边界区域内生成面积。选中创建的面积修改"属性栏"的名称和面积类型,名称分别为中庭、楼梯间及卧室,面积类型统一为"楼层面积"。

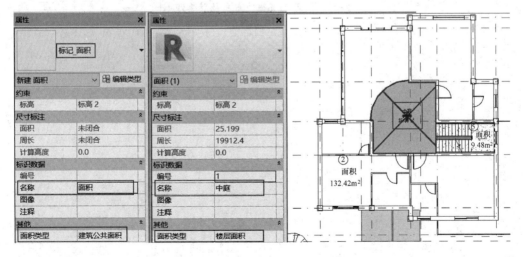

图 12-11 设置标记面积相关内容

如图 12-12 所示，单击属性对话框中的颜色方案按钮。弹出"编辑颜色方案"对话框。在方案列表中选择"方案 1"，修改方案标题为"二层面积"，单击"颜色"按钮，在下拉列表中选择颜色排列方式为"名称"。弹出"不保留颜色"对话框，单击"确定"按钮，再单击"确定"按钮，完成相关操作。

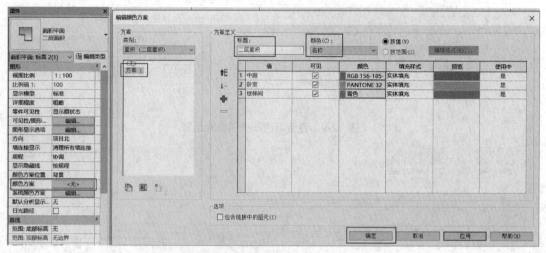

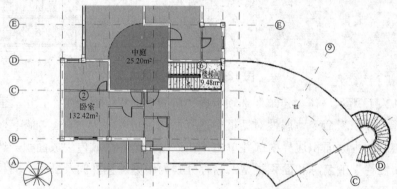

图 12-12　设置二层颜色方案及最终效果图

第13章　创建明细表

明细表可以帮助用户统计模型中的任意构件，例如门、窗和墙体。明细表内所统计的内容，由构件本身的参数提供。用户在创建明细表的时候，选择需要统计的关键字即可。

Revit 中的明细表共分为六种类型，分别是"明细表/数量"、"图形柱明细表"、"材质提取"、"图纸列表"、"注释块"和"视图列表"。在实际项目中，经常用到的是"明细表/数量"明细表，通过"明细表/数量"明细表所统计的数值，可以作为项目概预算的工程量使用。本章通过"房间明细表"和"门窗明细表"来介绍"明细表/数量"明细表的使用方法。

13.1　房间明细表

如图 13-1 所示，在"视图"选项卡内"创建"面板中的"明细表"下拉菜单中选取"明细表/数量"命令，弹出"新建明细表"对话框，勾选"建筑"，取消勾选其他选项，在"类别"中选取"房间"，点击"确定"按钮。

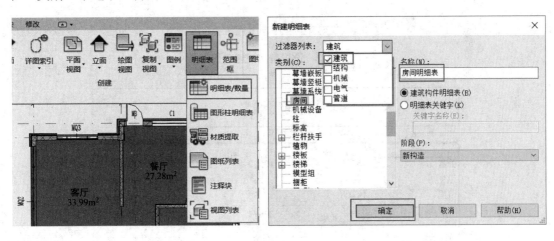

图 13-1　新建明细表

对"明细表属性"对话框的相关内容进行设置，在"字段"中添加名称、周长、面积和合计；在"排序/成组"中设置排序方式为"名称"，勾选总计，并选择"合计和总数"；在"格式"内字段"面积"中的下拉菜单里选择"计算总数"；在"外观"中取消勾选"数据前的空行"，如图 13-2 所示。

完成后的效果如图 13-3 所示。

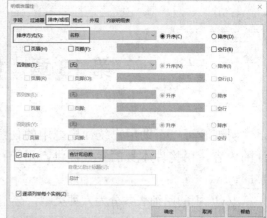

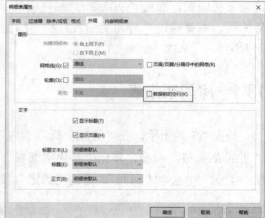

图 13-2　设置房间明细表属性

〈房间明细表〉			
A	**B**	**C**	**D**
名称	周长	面积	合计
卧室	15000	13.99	1
卫生间	7700	3.59	1
厨房	14400	12.06	1
客厅	23800	33.99	1
房间	未放置	未放置	1
设备间	4500	1.19	1
设备间	5500	1.62	1
设备间	10900	5.31	1
车库	44475	103.69	1
门厅	34600	34.22	1
餐厅	24900	27.28	1
11		236.93	

图 13-3　房间明细表

13.2　门窗明细表

与创建房间明细表类似，在"新建明细表"对话框中勾选"建筑"，在"类别"中选取"窗"，点击"确定"按钮。对"明细表属性"对话框相关内容进行设置，在"字段"中添加族与类型、标高、宽度、高度和合计；在"排序/成组"中设置排序方式为"族与类型"，勾选总计，并选择"标题、合计和总数"，如图 13-4 所示。

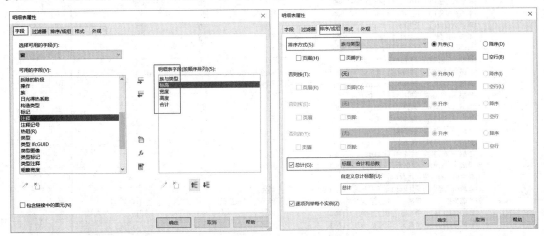

图 13-4　设置窗明细表属性

完成后的效果如图 13-5 所示。

〈窗明细表〉

A	B	C	D	E
族与类型	标高	宽度	高度	合计
推拉窗1 – 带贴面: 标高 1	1000	1500		1
推拉窗1 – 带贴面: 标高 1	1000	1500		1
推拉窗1 – 带贴面: 标高 1	1000	1500		1
推拉窗1 – 带贴面: 标高 1	1000	1500		1
推拉窗1 – 带贴面: 标高 2	1000	1500		1
推拉窗1 – 带贴面: 标高 2	1000	1500		1
推拉窗1 – 带贴面: 标高 2	1000	1500		1
推拉窗1 – 带贴面: 标高 2	1000	1500		1
推拉窗1 – 带贴面: 标高 3	1000	1500		1
推拉窗1 – 带贴面: 标高 3	1000	1500		1
推拉窗1 – 带贴面: 标高 3	1000	1500		1
窗嵌板_70-90 系列: 标高 1	1150	1150		1
窗嵌板_70-90 系列: 标高 1	1150	1150		1
窗嵌板_70-90 系列: 标高 1	1150	1850		1
窗嵌板_70-90 系列: 标高 1	2350	1850		1
组合窗 – 双层单列: 标高 1	2400	1800		1
组合窗 – 双层单列: 标高 1	2400	1800		1
组合窗 – 双层单列: 标高 1	2400	1800		1
组合窗 – 双层单列: 标高 2	2400	1800		1
组合窗 – 双层单列: 标高 3	2400	1800		1
总计: 22				

图 13-5　窗明细表

与创建窗明细表类似，门明细表的最终效果如图 13-6 所示。

〈门明细表〉				
A	B	C	D	E
族与类型	宽度	高度	厚度	合计
中式双扇门2: 防盗门 - M1824	1800	2400	50	1
单嵌板格栅门: 卫生间门 - M0821	800	2100	50	1
单嵌板格栅门: 卫生间门 - M0821	800	2100	50	1
单嵌板格栅门: 卫生间门 - M0821	800	2100	50	1
单嵌板格栅门: 卫生间门 - M0821	800	2100	50	1
单嵌板格栅门: 卫生间门 - M0821	800	2100	50	1
单嵌板格栅门: 卫生间门 - M0821	800	2100	50	1
单嵌板格栅门: 卫生间门 - M0821	800	2100	50	1
单扇 - 与墙齐: 装饰木门 - M0821	800	2100	51	1
单扇 - 与墙齐: 装饰木门 - M0821	800	2100	51	1
单扇 - 与墙齐: 装饰木门 - M1021	1000	2100	51	1
单扇 - 与墙齐: 装饰木门 - M1021	1000	2100	51	1
单扇 - 与墙齐: 装饰木门 - M1021	1000	2100	51	1
单扇 - 与墙齐: 装饰木门 - M1021	1000	2100	51	1
单扇 - 与墙齐: 装饰木门 - M1021	1000	2100	51	1
单扇 - 与墙齐: 装饰木门 - M1021	1000	2100	51	1
单扇 - 与墙齐: 装饰木门 - M1021	1000	2100	51	1
单扇 - 与墙齐: 装饰木门 - M1021	1000	2100	51	1
卷帘门: 卷帘门 - JLM4130	4100	3000	0	1
卷帘门: 卷帘门 - JLM4130	4100	3000	0	1
双扇推拉门4 - 带亮窗: 推拉窗 - MC1	1800	2700	30	1
双扇推拉门4 - 带亮窗: 推拉窗 - MC1	1800	2700	30	1
双扇推拉门4 - 带亮窗: 推拉窗 - MC1	1800	2700	30	1
子母门: 子母门 - M1321	1300	2100	30	1
子母门: 子母门 - M1321	1300	2100	30	1
总计: 25				

图 13-6　门明细表

第14章 相机、渲染、漫游

14.1 相机

在 Revit 中通过相机可以创建透视图和正交三维视图。本章使用透视图和正交三维视图来显示模型，并添加和修改建筑图元。在三维视图中可以执行大多数建模类型，而在透视视图中，无法添加注释，但可以使用临时尺寸标注。

1. 透视三维视图

透视视图用于显示三维视图中的建筑模型，在透视视图中，越远的构件显示得越小，越近的构件显示得越大。可以在透视图中选择图元并修改其类型和实例属性。创建或打开透视三维视图时，视图控制栏会指示该视图为透视视图。

如图 14-1 所示，在项目浏览器中切换至"标高 1"，在"视图"选项卡的"创建"面板中点开"三维视图"下拉菜单，选择"相机"命令。在绘图区域单击一次以放置相机，再次单击放置目标点（如图 14-1 所示），将跳转到透视三维视图。进入标高 1 平面视图，在"三维视图 1"上单击鼠标右键，选择"显示相机"，在标高 1 平面视图中将显示相机。

Revit 将创建一个透视三维视图，并为该视图指定名称为三维视图 1、三维视图 2 等等。要重命名视图，在项目浏览器中的该视图上单击鼠标右键并选择"重命名"。

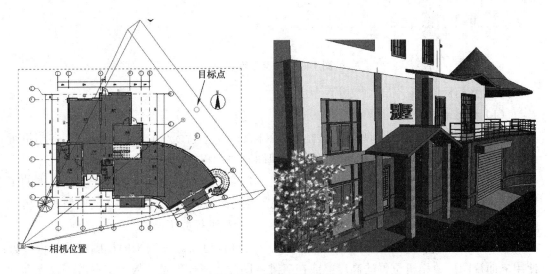

图 14-1　透视三维视图

【注】 在启用了工作共享的项目中使用时，三维视图命令会为每个用户创建一个默认的三维视图。程序会为该视图指定为｛3D-用户名｝的名称。

2. 正交三维视图

正交三维视图用于显示三维视图中的建筑模型，与透视三维视图不同的是，在正交三维视图中，不管相机距离的远近，所有构件的大小均相同。

如图 14-2 所示，在项目浏览器中切换至"标高 1"，在"视图"选项卡的"创建"面板中点开"三维视图"下拉菜单，选择"相机"命令，在选项栏上不勾选"透视图"复选框选项。在绘图区域单击一次以放置相机，再次单击放置目标点（如图 14-2 所示），将跳转到正交三维视图。进入标高 1 平面视图，在"三维视图 2"上单击鼠标右键，选择"显示相机"，在标高 1 平面视图中将显示相机。

当前项目的未命名三维视图将打开并显示在项目浏览器中。如果项目中已经存在未命名视图，"三维"工具将打开现有视图。通过在项目浏览器中的视图名称上单击鼠标右键，然后单击"重命名"，可以重命名默认三维视图。命名的三维视图将随项目一起保存。

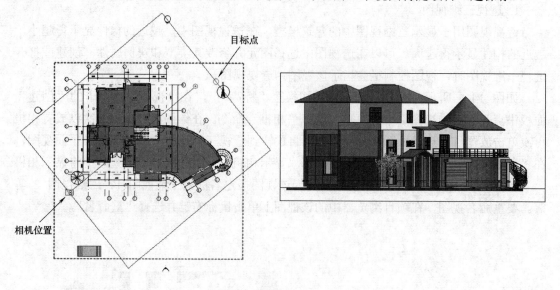

图 14-2　正交三维视图

3. 调整相机位置

（1）修改相机位置

在项目浏览器中的三维视图名称上单击鼠标右键，然后选择"显示相机"。在相机可见的所有视图（例如平面、立面和其他三维视图）中，相机均处于选中状态。

如图 14-3 所示，在平面视图中，被相机三角形（透视）或正方形（正交）包围的区域就是可视的范围，其中三角形或正方形的底边表示远端视距。双击要在其中修改相机位置的视图（如平面视图、立面视图或三维视图），对其进行如下操作：

① 拖拽移动该相机，视图将根据新相机位置进行更新。使用平面视图更改相机位置；使用立面视图更改相机位置的高度；或在三维视图的"属性"选项板下，修改"视点高度"参数。

② 拖拽移动目标。视图将根据新的目标点进行更新。使用平面视图更改目标位置；使用立面视图更改目标位置的高度；或在三维视图的"属性"选项板下，修改"目标高度"

参数。

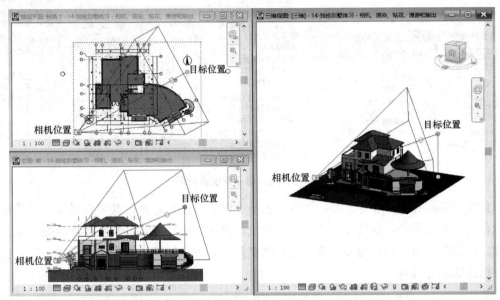

图 14-3 平面、立面及三维视图中修改相机位置

（2）旋转三维视图

目标点定义了三维视图的旋转轴。通过修改相机标高及其焦点，可以围绕该轴旋转三维视图。可以平铺项目视图，以在不同视图中查看旋转的效果。

如图 14-4 所示，用于透视和正交三维视图的相机表现形式略有不同，空心圆点（蓝色）为焦点，圆点（粉色）为目标点。拖拽相机以修改相机位置，拖拽空心圆点以修改焦点，拖拽圆点以修改旋转轴（目标点）。

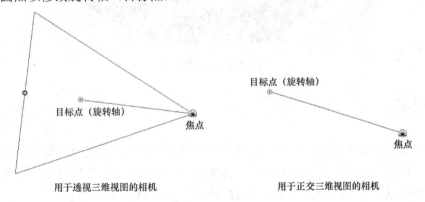

图 14-4 平面、立面及三维视图中修改相机位置

14.2 渲染

打开透视三维视图，在"视图"选项卡内的"演示视图"面板中选择"渲染"命令，打开"渲染"对话框，如图 14-5 所示，设置渲染选项后进行渲染。

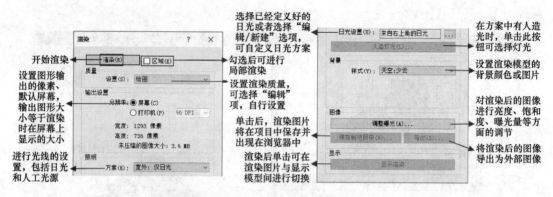

图 14-5　渲染对话框设置说明

如图 14-6 所示，单击"渲染"将显示一个渲染进度对话框，其中将显示有关渲染过程的信息，包括采光口数量和人造灯光的数量。渲染完成后 Revit 将在绘图区域显示渲染图像。在渲染之后，可以调整曝光设置来改善图像，如果知道所需的曝光设置，则可在渲染图像之前进行设置。

图 14-6　渲染效果图

14.3　贴花

使用"放置贴花"工具，可将图像放置到建筑模型的表面上以进行渲染。例如，可以将贴花用于标志、绘画和广告牌等。对于每个贴花，可以指定一个图像及其反射率、亮度和纹理（凹凸贴图），并且可以将贴花放置到水平表面和圆筒形表面上。

贴花的方式有两种，下面将以在南立面门口立柱上放置贴花（对联）为例，介绍两种放置方法及区别：

（1）采用第 1 种方法对左侧对联进行贴花

如图 14-7 所示，切换至南立面视图，在"插入"选项卡内的"链接"面板中，单击"贴花"下拉菜单中的"贴花类型"按钮（如果当前项目中不存在贴花，点击"放置贴花"按钮时，也会显示"贴花类型"对话框），打开"贴花类型"对话框，单击左下角的"新建贴花"按钮，在弹出的"新贴花"对话框中输入贴花名称为"对联-上联"，单击"确定"
按钮退出贴花类型对话框。在"插入"选项卡内的"链接"面板中，单击"贴花"下拉菜
单中的"放置贴花"按钮，在左侧柱子上放置贴花"对联-上联"。

　　再次选择"插入"选项卡中的"链接"面板，单击"贴花"下拉菜单中的"贴花类型"
按钮，打开"贴花类型"对话框，单击"源"右边的按钮，选择图片"对联-上联"作为
贴花图像，单击确定。

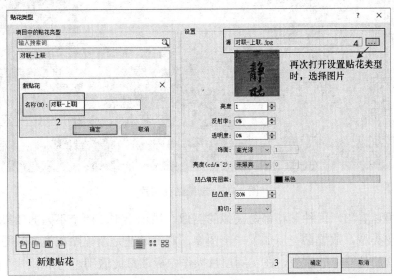

图 14-7　贴花（第 1 种方法）操作步骤

（2）采用第 2 种方法对右侧对联进行贴花

　　如图 14-8 所示，选择"插入"选项卡内的"链接"面板，单击"贴花"下拉菜单中
的"贴花类型"按钮，打开"贴花类型"对话框，单击左下角的"新建贴花"按钮，在弹

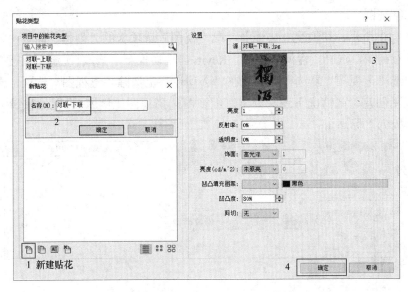

图 14-8　贴花（第 2 种方法）操作步骤

出的"新贴花"对话框中输入贴花名称"对联-下联"。点击"源"右边的按钮，选择图片"对联-下联"作为贴花图像，单击确定。在"插入"选项卡的"链接"面板中，单击"贴花"下拉菜单中的"放置贴花"按钮，在右侧柱子上放置贴花"对联-下联"。

在南立面门口立柱上，通过两种方法设置贴花（对联）的最终效果如图 14-9 所示（位置和大小经过调整，视觉模式要选择真实）。

图 14-9　选择贴花图片

从图上可以看出，两种贴花都是类似的图像，显示出来了两个不同的效果，左侧的贴花是新建贴花类型，放置贴花后加了一个图像，右侧贴花是新建贴花类型时图像同时添加，右侧贴花反映的是图像的原貌，在实际项目操作中应注意此区别。

14.4　漫游

漫游是指沿着定义的路径移动的相机，此路径由帧和关键帧组成。关键帧是指可在其中修改相机方向和位置的可修改帧。默认情况下，漫游创建为一系列透视图，但也可以创建为正交三维视图。

如图 14-10 所示，切换至一层平面，在"视图"选项卡的"创建"面板中，单击"三维视图"下拉列表，选择"漫游"命令，Revit 自动切换至"修改|漫游"上下文选项卡；在选项栏勾选"透视图"复选框（如果在"选项栏"上清除"透视图"选项，漫游将作为正交三维视图创建，此情况下还需为该三维视图选择视图比例），设置偏移量为 1750mm，设置基准面板为"标高 1"。

图 14-10　设置漫游参数

用光标在绘图区域内按需求放置关键帧，从标高 1 平面图的西南角位置开始按顺时针依次单击放置漫游路径中的关键帧相机位置，每一关键帧代表一个相机位置，围绕项目一周放置路径后单击漫游面板上的"完成漫游"按钮完成漫游路径绘制，如图 14-11 所示。

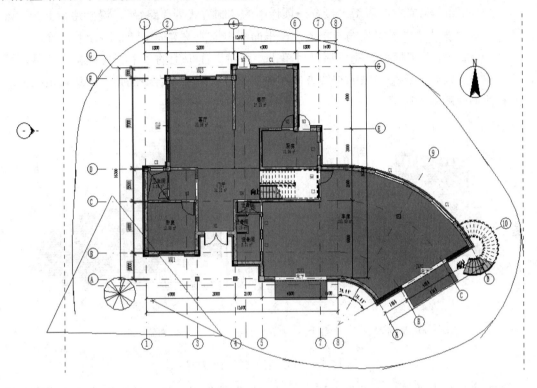

图 14-11　绘制漫游路径

完成路径的绘制后，项目浏览器中的"漫游"项会自动添加一个"漫游 1"，绘制的路径一般还需要进行适当的调整。在标高 1 平面视图中选择漫游路径，进入"修改|相机"上下文选项卡，单击漫游面板上的"编辑漫游"工具，漫游路径变为可编辑状态。修改选项栏中的帧数为 1，按 Enter 键确认，从第一个关键帧开始编辑漫游。如图 14-12 所示，选项栏上提供了四种方式用于修改漫游路径，分别为控制活动相机、路径、添加关键帧和删除关键帧。

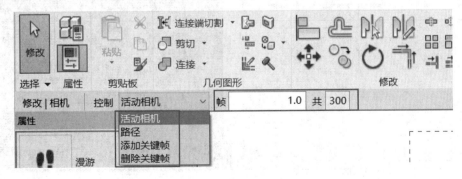

图 14-12　编辑漫游路径

（1）如图 14-13 左图所示，设置选项栏中的控制方式为"活动相机"，漫游路径上会以红色圆点表示关键帧，可沿路径将相机拖拽到所需的帧或关键帧（相机将捕捉关键帧）位置，可改变相机方向。

（2）如图 14-13 右图所示，设置选项栏中的控制方式为"路径"，漫游路径上会以蓝色圆点表示关键帧，进入路径编辑状态，在平面图中拖拽关键帧来调整路径的位置。

（3）每一个关键帧编辑完成后，可单击"漫游"面板上的"下一关键帧"工具，可以逐个编辑关键帧，将每一帧的视线方向和关键帧位置调整到合适的角度，还可根据需求为路径添加或删除关键帧。

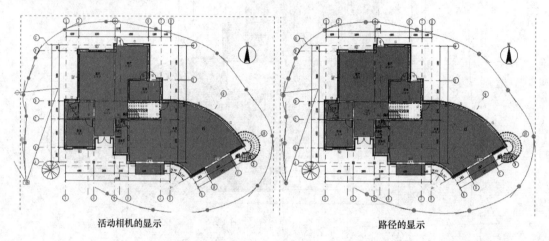

活动相机的显示　　　　　　　　　　　　　路径的显示

图 14-13　修改漫游路径两种方式

单击选项栏上的"漫游帧"按钮，打开"漫游帧"对话框，可以修改"总帧数"和"帧/秒"值，以调整整个漫游动画的播放时间，如图 14-14 所示。编辑完成后，进入漫游1 视图，点击"播放"按钮，播放完成的漫游动画。

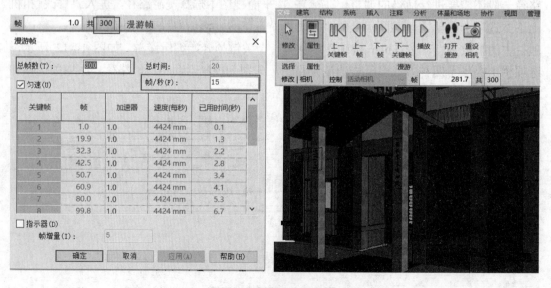

图 14-14　设置漫游帧及漫游效果

14.5　输出

漫游创建完成后，可以将漫游以 AVI 格式的动画或者图像文件导出。将漫游导出为图像文件时，漫游的每个帧都会保存为单个文件，所以可以导出所有帧或一定范围的帧。

如图 14-15 所示单击"应用程序菜单"按钮，在列表中选择"导出"—"图像和动画"—"漫游"，弹出"长度/格式"对话框，其中"帧/秒"选项用于设置导出后漫游的速度为每秒多少帧，默认情况下为 15 帧，帧数越大，播放所用的总时间就会越短，播放速度也会越快。点击"确定"按钮后会弹出"导出漫游"对话框，输入文件名并设置导出路径，单击"保存"按钮，弹出视频压缩对话框。在"压缩程序"下拉列表中选择"Microsoft Video 1"，单击"确定"按钮，将漫游文件导出为外部 AVI 文件。

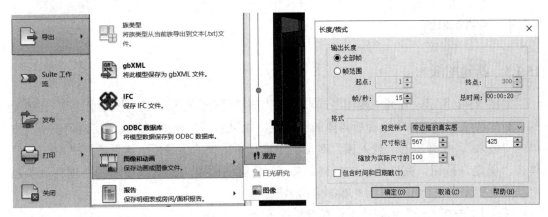

图 14-15　漫游输出

第 15 章　创建图纸

在 Revit 中，可以实现为施工图文档集中的每个图纸创建一个图纸视图，向同一个图纸放置多个视图或明细表，然后可以打印发布施工图。图纸是施工图文档集中的一个独立的页面，在项目中，可以创建各式各样的图纸，包括平面施工图纸、剖面施工图纸和大样节点详图等。

15.1　创建图纸

15.1.1　新建图纸

如图 15-1 所示，选择"视图"选项卡内"图纸组合"面板中的"图纸命令"，在弹出的"新建图纸"对话框中选择所需要的标题栏，如果所需的标题栏未显示在该列表中，则单击"载入"，在弹出的"载入族"对话框中选择所需要的标题栏。这里选择"A0 公制"，单击"确定"按钮，完成图纸的创建。Revit 会自动创建一张图纸视图，在项目浏览器"图纸"列表中也会添加图纸"J0-1-未命名"。

【注】 选择"无"将创建不带标题栏的图纸。

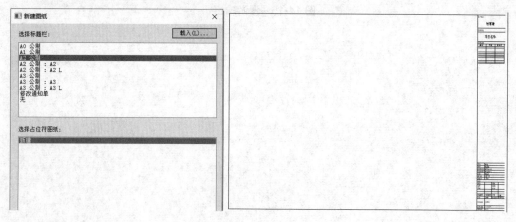

图 15-1　新建图纸

15.1.2　布置视图

可以在图纸中添加建筑的一个或多个视图，包括楼层平面、场地平面、天花板平面、立面、三维视图、剖面、详图视图、绘图视图和渲染视图。每个视图仅可以放置到一张图纸上。要在项目的多个图纸中添加特定视图，可以创建视图副本，并将每个视图放置到不同的图纸中。

在项目浏览器中展开"图纸"选项，在图纸"J0-1-未命名"上单击右键，在弹出的列表中选择重命名，输入合适的"编号"和"名称"，如图 15-2 所示。

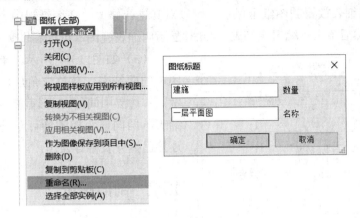

图 15-2　图纸重命名

要将视图添加到图纸中，可使用下列方法之一：

（1）在项目浏览器中，展开视图列表，找到该视图，然后将其拖拽到图纸上。

（2）单击"视图"选项卡内的"图纸组合"面板中的"视图"，在弹出的"视图"对话框中选择一个视图，然后单击"在图纸中添加视图"，如图 15-3 所示。

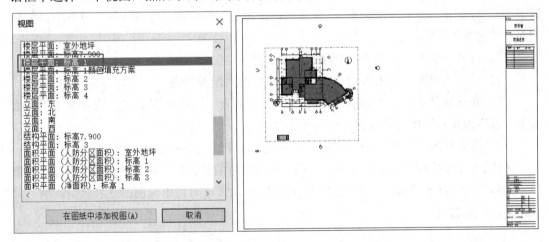

图 15-3　图纸中添加视图

选择图纸中的平面视图，在属性栏中可以通过对"图纸上的标题"内容进行修改来命名图纸上对应视图的名称。

15.1.3　添加明细表

Revit 可以将明细表放置到施工图文档集中的图纸上，同一明细表可以存在于多个图纸上，如果将明细表放在图纸上，则会增加文档集的信息内容，具体的步骤如下：

（1）在项目中，打开要向其添加明细表的图纸。

（2）在项目浏览器中的"明细表/数量"下，选择明细表，然后将其拖拽到绘图区域中的图纸上。当光标位于图纸上时，松开鼠标键，Revit 会在光标处显示明细表的预览。

（3）将明细表移动到所需的位置，然后单击以将其放置在图纸上。

（4）将明细表放置到图纸上以后，可以对其进行修改。在图纸视图中的明细表上单击鼠标右键，然后单击"编辑明细表"，此时显示明细表视图，可以编辑明细表的单元。

房间明细表			
名称	周长	面积	合计
卧室	15000	13.99	调整列宽
卫生间	7700	3.59	1
厨房	14400	12.06	1
客厅	23800	33.99	1
房间	未放置	未放置	1
设备间	4500	1.19	1
设备间	5500	1.62	拆分表格
设备间	10900	5.31	1
车库	44475	103.69	1
门厅	34600	34.22	1
餐厅	24900	27.28	1
11		236.93	

图 15-4　调整图纸中的明细表

（5）如图 15-4 所示，单击选择图纸视图中的明细表，蓝色三角形可调整每列的列宽，右边界中间的 Z 形截断控制柄可拆分明细表，四向箭头控制柄可以进行移动、重新连接已拆分表格等操作。

15.2　剖面图纸

创建剖面图纸，需要先创建剖面视图，其提供了模型的特定部分的视图。Revit 可以创建建筑、墙和详图剖面视图。每种类型都有唯一的图形外观，且每种类型都显示在项目浏览器下的不同位置。建筑剖面视图和墙剖面视图分别显示在项目浏览器的"剖面（建筑剖面）"分支和"剖面（墙剖面）"分支中。详图剖面显示在"详图视图"分支中。创建剖面视图的具体步骤如下：

（1）打开一个平面、剖面、立面或详图视图。

（2）单击"视图"选项卡内"创建"面板中的"剖面"命令。

（3）在属性栏的"类型选择器"中，可以从列表中选择视图类型，或者单击"编辑类型"以修改现有视图类型或创建新的视图类型。

（4）将光标放置在剖面的起点处，并拖拽光标穿过模型或族。

【注】　可以捕捉非正交基准下或与墙平行或垂直的剖面线，可在平面视图中捕捉到墙。

（5）如图 15-5 所示，当到达剖面的终点时单击。这时将出现剖面线和裁剪区域，并且处于选中状态。

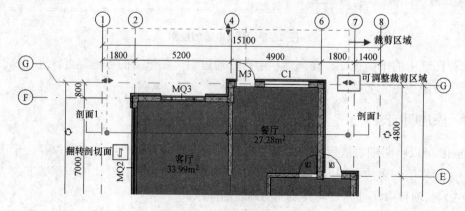

图 15-5　剖切视图相关设置

如果需要，可通过拖拽蓝色控制柄来调整裁剪区域的大小。剖面视图的深度将相应地发生变化。

（6）单击"修改"或按 Esc 键以退出"剖面"工具。

（7）要打开剖面视图，可双击剖面标头或从项目浏览器的"剖面"组中选择剖面视图。

（8）当修改设计或移动剖面线时剖面视图将随之改变。

当剖面视图创建完成后，可参照上节相关内容将剖面视图布置到图纸中，效果如图 15-6 所示。

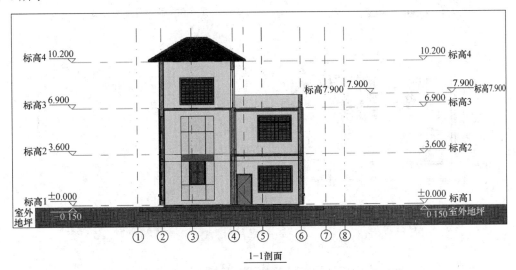

图 15-6　图纸中的剖切视图

15.3　导出图纸

Revit 支持导出 CAD（DWG 和 DXF）、ACIS（SAT）和 DGN 文件格式，具体描述如下：

① DWG（绘图）格式是 AutoCAD 和其他 CAD 应用程序所支持的格式。

② DXF（数据传输）是一种被多种 CAD 应用程序都支持的开放格式。DXF 文件是描述二维图形的文本文件，由于文本没有经过编码或压缩，因此 DXF 文件通常很大。如果将 DXF 用于三维图形，则需要执行某些清理操作，以便正确显示图形。

③ SAT 是适用于 ACIS 的格式，它是受许多 CAD 应用程序支持的实体建模技术。

④ DGN 是受 Bentley Systems，Inc. 中 MicroStation 所支持的文件格式。

如果在三维视图中使用其中一种导出工具，则 Revit 会导出实际的三维模型，而不是模型的二维表达。要导出三维模型的二维表达，应将三维视图添加到图纸中并导出图纸视图，然后可以在 AutoCAD 中打开该视图的二维版本。

【注】　如果导出的是项目的某个特定部分，可在三维视图中使用剖面框，在二维视图中使用裁剪区域，完全处于剖面框或裁剪区域以外的图元不会包含在导出的文件中。

以导出 DWG 为例，Revit 所有的平面、立面、剖面、三维视图和图纸等都可以导出为 DWG 格式图形，而且导出后的图层、线型、颜色等可以根据需要在 Revit 中设置。

接上一节的练习，在项目浏览器中左键双击图纸名称"建施-一层平面图"，打开图纸视图；单击应用程序菜单，在列表中选择"导出"—"CAD 格式"—"DWG 文件"工具，弹出"DWG 导出"对话框，如图 15-7 所示。

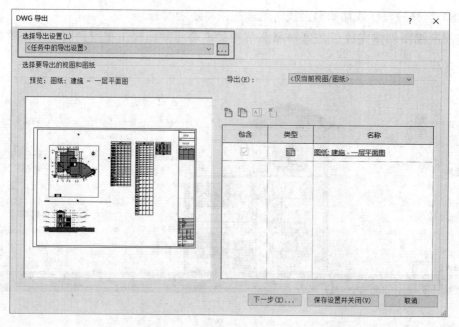

图 15-7　DWG 导出对话框

单击"选择导出设置"右边的按钮（图 15-7），弹出"修改 DWG/DXF 导出设置"对话框，在该对话框中可分别对 Revit 模型导出为 CAD 时的图层、线型、填充图案、文字和字体、颜色、实体、单位坐标等内容进行设置，设置完成后单击"确认"按钮，如图 15-8 所示。

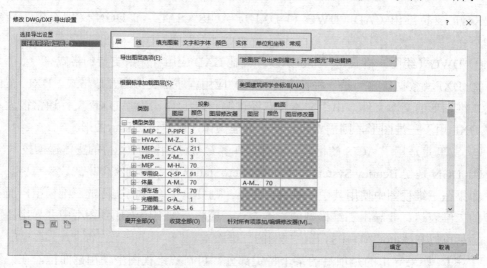

图 15-8　修改 DWG/DXF 导出设置对话框

在"DWG 导出"对话框中，单击"下一步"按钮，弹出"导出 CAD 格式—保存到目标文件夹"对话框，在该对话框中指定文件保存格式、DWG 版本等内容。

输入文件名称，单击"确定"按钮，即可将所选图纸导出为 DWG 数据格式。勾选对话框中"将图纸上的视图和链接作为外部参照导出"复选框，导出的文件将采用外部参照模式。

第 16 章 内建模型

16.1 创建内建模型

16.1.1 内建图元（内建族）

内建图元，是在项目的上下文中创建的自定义图元，是需要创建当前项目专有的构件时所创建的独特图元。当项目内需要只使用一次的特殊几何图形，或需要必须与其他项目几何图形保持一种或多种关系的几何图形时，可以创建内建几何图形，以便它可参照其他项目几何图形，使其在所参照的几何图形发生变化时进行相应大小的调整和其他类型调整。如图 16-1 所示，内建图元创建的不规则桌面则属于独特图元中的一种。

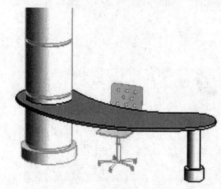

图 16-1 内建图元实例

创建内建图元时，Revit 将为该内建图元创建一个族，该族包含单个族类型。创建内建图元涉及许多与创建可载入族相同的族编辑器工具。项目中创建多个内建图元，并且可以将同一内建图元的多个副本放置在项目中。但是，与系统族和可载入族不同的是，内建图元不能通过复制内建族类型来创建多种类型，其可以通过体量实例、常规模型、导入的实体和多边形网格的面来创建。

【注】 项目之间可以传递或复制内建图元，但只有在必要时才应执行此操作，因为内建图元会增大文件大小并使软件性能降低。

在项目中是否需要内建图元，可以按照以下步骤进行判断：

（1）确定是否为项目所需的独特或单一用途的图元。如果需要在多个项目中使用的图元，可将该图元创建为可载入族（有关可载入族的创建将在第 17 章进行介绍）。

（2）如果项目需要其他项目中存在的内建图元（或者所需内建图元类似于其他项目中的内建图元），则可以通过将该内建图元复制到项目中或将其作为族载入项目中进行使用。

（3）如果找不到符合项目需要的内建图元，可在项目中创建新的内建图元。

16.1.2 创建内建模型

创建内建模型时，打开一个项目文件，如图 16-2 所示，在"建筑"、"结构"或者"系统"选项卡上对应的不同面板上找到"构件"命令，在下拉菜单中点击 （内建模型）按钮，打开"族类别和族参数"对话框，为图元选择一个类别，然后单击"确定"。选择了某个具体类别，则内建图元的族将在项目浏览器的该类别下显示，并添加到该类别的明细表中，而且还可以在该类别中控制该族的可见性。

【注】　由于在 Revit 中，门与窗（非天窗）是基于主体的构件，只可添加到任何类型的墙内，所以如果想在所创建的内建模型上放置门或者窗（非天窗），必须将此内建模型类别设置为墙体类别，否则门或者窗（非天窗）将无法放置在该内建模型上。

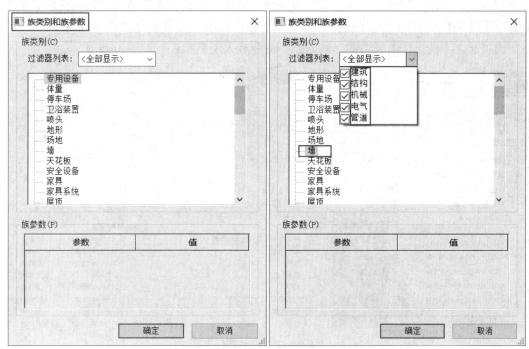

图 16-2　内建模型创建

如图 16-3 所示，在"族类别和族参数"对话框单击确定后，可在弹出的"名称"对话框中键入一个名称（默认名称以所选类别名称+1 进行命名），并单击"确定"，打开族编辑器。

按图 16-4 所示可以通过族编辑器中的拉

图 16-3　名称对话框

伸、融合、旋转、放样、放样融合及对应的空心形状命令来创建形状（类型选择体量时，族编辑器会有所不同），绘制完成后单击"完成模型"。

图 16-4　族编辑器的不同命令

对于一些常见的构件，可以直接通过在"建筑"、"结构"或者"系统"选项卡上对应的不同面板上找到"构件"命令，在下拉菜单中点击"放置构件"按钮，则属性对话框中会列举系统中自带的部分常见构件。如仍不能满足需求，可以通过"修改|放置构件"上下文选项卡内"模式"面板中的"载入族"命令载入所需构件，如图 16-5 所示。

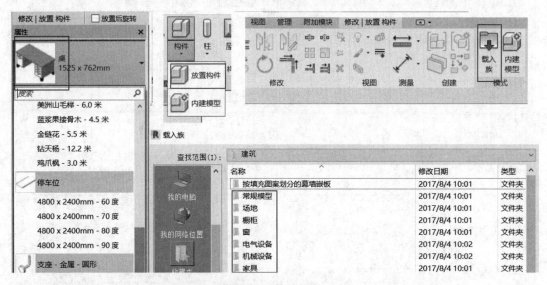

图 16-5　族编辑器

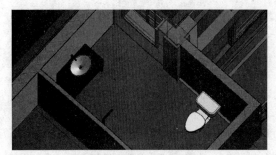

图 16-6　二层卫生间布置

通过载入族，添加卫生洁具等族，在二层卫生间进行布置，完成后效果如图 16-6 所示。

16.1.3　内建模型创建游泳池下水台阶

参照第十期全国 BIM 技能等级考试（一级）试题第二题，结合前面章节建立的别墅项目，利用内建模型创建游泳池下水台阶，试题详细内容如图 16-7 所示。

【真题 1】 根据图 16-7 所示尺寸生成台阶实体模型，并以"台阶"为文件名保存到考生文件夹中。（10 分）

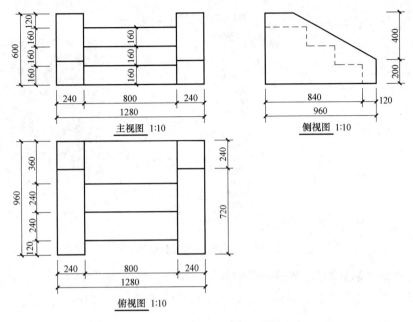

图 16-7 试题内容

【解】 在"建筑"选项卡内的"构建"面板中点击"构件"的下拉菜单，选择"内建模型"命令，打开"族类别和族参数"对话框，选择"族类别"为"常规模型"，点击"确定"按钮，在弹出的"名称"对话框中输入"台阶"，单击"确定"，打开族编辑器。

切换至"室外地坪"，在游泳池浅水区和深水区交接处绘制参照平面，并命名为"台阶"，点击"修改"后，再次选中参照平面，调整相关尺寸，使参照平面位于浅水区和深水区竖向水池边的中间。切换至"东立面"，在"创建"选项卡内的"形状"面板中选择"拉伸"命令，弹出"工作平面"对话框，在"名称"处选择之前命名的"参照平面：台阶"，如图 16-8 所示。

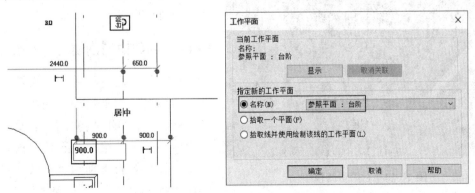

图 16-8 设置及选择参照平面

以墙体右下角为基点，按照试题中相关尺寸绘制台阶中间部分的轮廓线，点击"完成编辑模式"，切换至"标高 1"，选择创建的模型，在属性栏中设置拉伸终点和起点的数值，台阶中间部分的效果如图 16-9 所示。

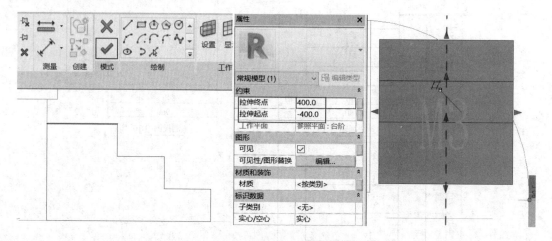

图 16-9　台阶中间部分模型

再次切换至"东立面"，参照台阶中间部分操作步骤，完成台阶一边边缘部分模型的创建，并采用"镜像"工具，完成另一边边缘模型的建立，如图 16-10 所示。

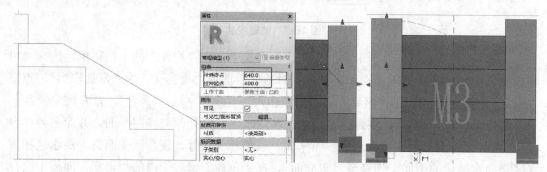

图 16-10　台阶边缘部分模型

图 16-11　台阶最终模型

点击"完成模型"，生成台阶模型，如图 16-11 所示。

16.1.4　内建模型创建游泳池水

本节利用内建构件创建游泳池里的水。切换至"室外地坪"视图，在"建筑"选项卡内的"构建"面板中点击"构件"的下拉菜单，选择"内建模型"命令，打开"族类别和族参数"对话框，选择"族类别"为"常规模型"，点击"确定"按钮，在弹出的"名称"对话框中输入"游泳池水"，单击"确定"，打开族编辑器。

在"创建"选项卡内的"形状"面板中选择"拉伸"命令，利用"拾取线"命令拾取前期创建的游泳池的轮廓线，在属性对话框中设置拉伸起点为-200mm，拉伸终点为-1500mm，材质设置为"水"，如图 16-12 所示。

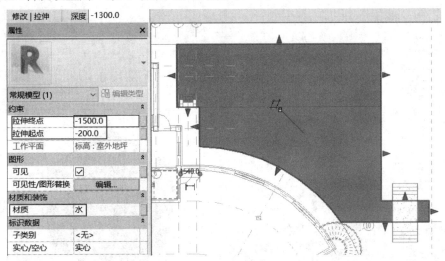

图 16-12　创建游泳池水

点击"完成模型"完成游泳池水的创建，调整别墅下建筑地面颜色，最终效果如图 16-13 所示。

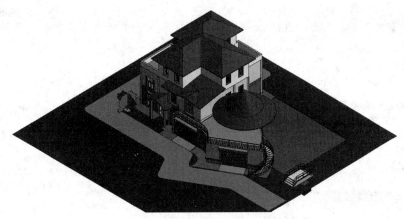

图 16-13　游泳池最终效果图

16.2　创建面墙、面屋顶及面幕墙系统

16.2.1　创建面墙

面墙，通过拾取线或面从体量实例中创建墙，此命令可以将墙放置在体量实例或常规模型的非水平面上。

如图 16-14 所示，按照 16.1.2 创建内建模型的相关步骤创建一个长、宽、高均为

5000mm 的正方体，因为"面墙"命令需将墙放置在体量实例和常规模型的非水平面上，所以创建过程中在"族类别和族参数"对话框中应选择"体量"或者"常规模型"族类别，打开族编辑器（选择以上两种族类别打开的族编辑器会有所不同，本节以选择"常规模型"族类别为例），采用"拉伸"命令创建正方体，完成后单击编辑器面板中的"完成模型"。

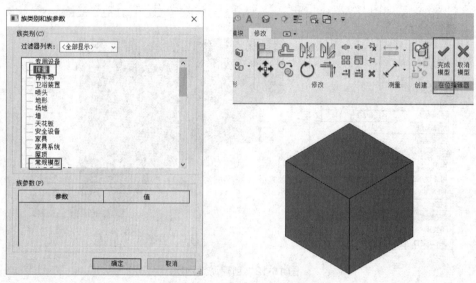

图 16-14　创建正方体内建模型

如图 16-15 所示，单击"体量和场地"选项卡，在"面模型"面板中使用"墙"命令，

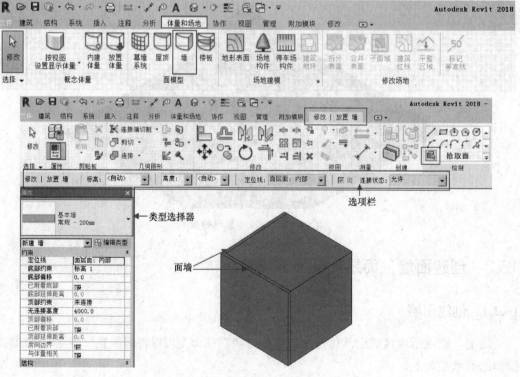

图 16-15　使用面墙命令创建面墙

在属性对话框中的类型选择器中可以选择墙类型，在选项栏上可选择所需的标高、高度、定位线的值，在绘制面板中选择"拾取面"命令，选择正方体的两个侧面，添加两面面墙。

如图 16-16 所示，选中内建模型单击"在位编辑"或者通过拖拽改变内建模型长度，面墙长度是不会随着发生变化的，如果要改变面墙的长度，需要选择面墙，单击"修改|墙"下的"面的更新"命令，面墙的长度会自动更新。

【注】　如果图元具有明确的限制条件（例如，"墙顶定位标高"设置为"直到标高"的墙），则"面的更新"工具无效。

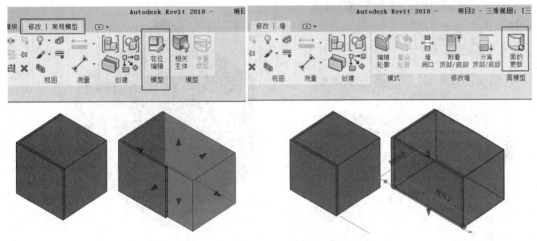

图 16-16　面墙的更新

16.2.2　创建面屋顶

面屋顶的命令可以在体量实例或常规模型的非垂直面上创建屋顶。如图 16-17 所示，利用 16.2.1 节创建的正方体，单击"体量和场地"选项卡，在"面模型"面板中使用"面屋顶"命令，在属性对话框的类型选择器中可以选择屋顶类型，在选项栏上可选择或输入所需的标高、偏移的值，在"修改|放置面屋顶"选项卡下的"多重选择"面板中选择"选择多个"命令，移动光标以高亮显示某个非垂直面，单击选择该面，单击创建屋顶生成面屋顶。如果已清除"选择多个"选项，则会立即将屋顶放置到面上。

通过在"属性"选项卡中修改屋顶的"已拾取的面的位置"属性，可以修改屋顶的拾取面位置（顶部或底部）。与面墙类似，使用"面屋顶"工具创建的屋顶不会自动更新。

对于面的拾取，单击未选择的面以将其添加到选择中，单击所选的面以将其删除，光标将指示是正在添加（+）面还是正在删除（-）面。要清除选择并重新开始选择，请单击"修改|放置面屋顶"选项卡"多重选择"面板中的"清除选择"命令。

【注】

1. 面幕墙系统、面屋顶、面墙命令都可以基于体量形状和常规模型的面进行创建，但是面楼板只支持依附体量楼层来创建。

2. 面幕墙系统没有面的限制，但是面墙所拾取的面必须不平行于标高，面屋顶所拾取的面不完全垂直于标高。

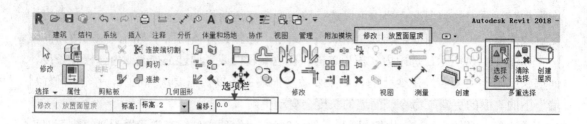

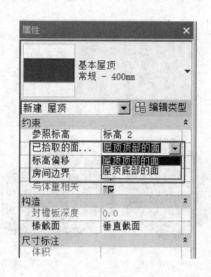

图 16-17　创建面屋顶

16.2.3　创建面幕墙系统

面幕墙系统可以在任何体量面或常规模型面上创建幕墙系统。此方式创建的幕墙系统没有可编辑的草图，如果需要垂直体量面的可编辑的草图，需使用"建筑"选项卡下的幕墙系统命令。

如图 16-18 所示，利用 16.2.1 节创建的正方体，单击"体量和场地"选项卡，在"面模型"面板中使用"面幕墙系统"命令，在属性对话框的类型选择器中选择幕墙系统类型（使用带有网格布局的幕墙系统类型），在"修改|放置面幕墙系统"选项卡下的"多重选择"面板中选择"选择多个"命令，移动光标以高亮显示某个面，单击选择该面，单击创建系统生成面幕墙系统。如果已清除"选择多个"选项，则会立即将幕墙系统放置到该面上。如果将拾取框拖拽到整个形状上，将整体生成面幕墙系统。

【注】

1. 操作者无法编辑幕墙系统的轮廓。如果要编辑轮廓，请放置一面幕墙。

2. 单击未选择的面以将其添加到选择中，单击所选的面则将其删除。光标指示是添加（+）面或删除（-）面。光标在已选择的面时显示为（-），在未选择的面时为（+）。

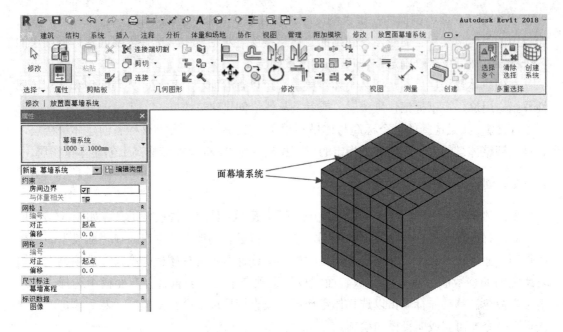

图 16-18 创建面幕墙系统

16.3 创建体量楼层和面楼板

16.3.1 创建体量楼层

要从体量实例中创建楼板，先要对体量实例进行体量楼层的创建，需要将标高添加到项目中（只能在创建体量前或完成创建后进行此操作），体量楼层是基于在项目中定义的标高创建的。如图 16-19 所示，标高创建完成后，在任何类型的项目视图（包括楼层平面、

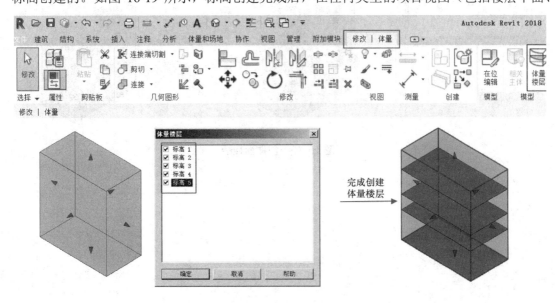

图 16-19 创建体量楼层

天花板平面、立面、剖面和三维视图）中选择体量，单击"修改|体量"选项卡下"模型"面板中的"体量楼层"命令，在弹出的"体量楼层"对话框中，选择需要创建体量楼层的各个标高，然后单击"确定"，即可创建体量楼层。

在创建体量楼层后，选择某个体量楼层，可以查看面积、周长、外表面积和体积等属性并指定用途，可以标记体量楼层，或者是从体量创建建筑楼层。

【注】 如果选择的某个标高与体量不相交，则 Revit 不会为该标高创建体量楼层，若稍微调整体量的大小，使其与指定的标高相交，则 Revit 会在该标高上创建体量楼层。

16.3.2 创建面楼板

要从体量实例中创建楼板，需要使用"面楼板"工具或"楼板"工具。如图 16-20 所示，首先打开显示概念体量模型的视图，单击"体量和场地"选项卡，在"面模型"面板中使用"面楼板"命令，在属性对话框中的类型选择器中选择楼板类型，在选项栏上可输入所需的偏移数值，在"修改|放置面楼板"选项卡下的"多重选择"面板中选择"选择多个"命令，移动光标单击以选择体量楼层，或直接框选多个体量楼层，然后单击"创建楼板"命令即可完成面楼板的绘制。

【注】 要使用"面楼板"工具，应先创建体量楼层，体量楼层在体量实例中计算楼层面积。

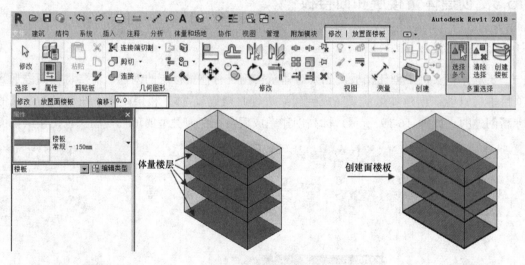

图 16-20　创建面楼板

第 17 章 族、概念体量

17.1 模型线、参照点、线及面和工作平面

17.1.1 模型线

模型线是基于工作平面的图元，存在于三维空间且在所有视图中都可见。模型线可以绘制成直线或曲线，可以单独绘制、链状绘制或者以矩形、圆形、椭圆形或其他多边形的形状进行绘制。由于模型线存在于三维空间，因此可以使用它们表示几何图形（例如，支撑防水布的绳索或缆索）。与模型线不同，详图线仅存在于绘制时所在的视图中，可以通过"转换线"命令将模型线转换为详图线，反之亦然。

模型线可以在项目环境中绘制，也可以在族编辑器和概念体量环境中绘制，"模型线"工具常用的打开方式有：

（1）在项目环境中，选择"建筑"或"结构"选项卡—"模型"面板—**Ⅱ**（模型线）；

（2）在族编辑器环境中，选择"创建"选项卡—"模型"面板—**Ⅱ**（模型线）；

（3）在概念体量环境中，选择"创建"或"修改"选项卡—"绘制"面板—**Ⅱ**（模型线）。

如图 17-1 所示，单击"模型线"命令后，在"修改|放置线"选项卡下的"绘制"面板中，选择绘制选项或拾取线，通过绘制或者在模型中选择线或墙来创建模型线。在"线样式"面板的下拉列表中可以选择需要的线样式（线样式不适用于在草图模式下创建的模型线）。选项栏中可以根据需要设置或选择相关参数（各环境下参数会有所不同）。

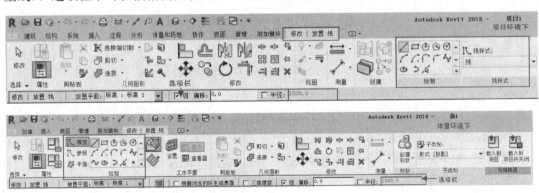

图 17-1 项目和概念体量环境下创建模型线

17.1.2 参照点、线及平面

参照点在概念设计中帮助构建、定向、对齐和驱动几何图形，用来指定概念设计环境

中 XYZ 工作空间的位置，参照点有三种类型，具体如下：

1. 基于主体的参照点

如图 17-2 所示，在概念设计环境中，放置在现有样条曲线、线、边或表面的参照点为基于主体的点，并且随主体几何图形的位置而变化。基于主体的点随主体图元一起移动，并且可以沿主体图元移动。默认情况下，基于主体的点放置于边或线上时，会提供垂直于其主体的工作平面。

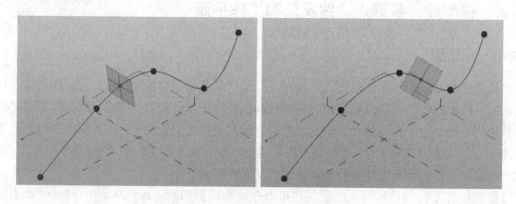

图 17-2　基于主体的参照点

创建基于主体的参照点操作如图 17-3 所示，在概念设计环境下，选择"创建"或者"修改"选项卡下的"绘制"面板，单击"点图元"工具，移动光标在已有的样条曲线、模型线、参照线（或三维形状的表面或边），单击即可创建基于主体的参照点。

图 17-3　创建基于主体的参照点

基于主体的点可沿下列具体图元放置：

① 模型线和参照线，例如线、弧、椭圆和样条曲线（Bezier 和 Hermite）；

② 形状图元的边和表面，包括二维、规则、解析、柱形和 Hermite 的边和表面；

③ 连接形状的边（几何图形组合边和表面）；

④ 族实例（边和表面）。

【注】　如果删除主体，则基于主体的参照点也会随之删除。

2. 驱动点

如图 17-4 所示，在概念设计环境中，用于控制相关样条曲线几何形状的、基于主体的参照点是驱动点。使用自由点生成线、曲线或样条曲线时，会自动创建驱动点。选择驱动点后，驱动点会显示三维控件。

如图 17-5 所示，在概念设计环境中，驱动点有两种创建方式：

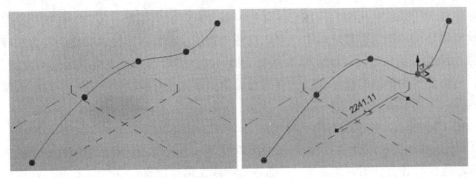

图 17-4 驱动点

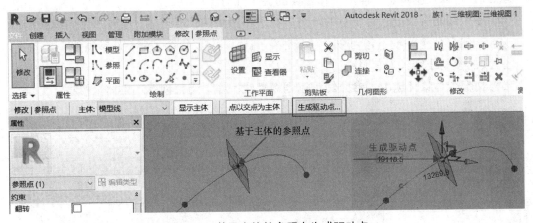

图 17-5 基于主体的参照点生成驱动点

① 使用"通过点的样条曲线"工具绘制线、曲线或样条曲线时自动创建；

② 选择已有的基于主体的参照点，选项栏单击"生成驱动点"按钮创建驱动点，生成后该点成为驱动点，并可以修改样条曲线的几何形状。

3. 自由点

如图 17-6 所示，在概念设计环境中，在"创建"或者"修改"选项卡下的"绘制"面板中，单击"点图元"工具，移动光标在工作平面中单击即可创建自由参照点。自由点放置在参照平面上，与几何图形无关。

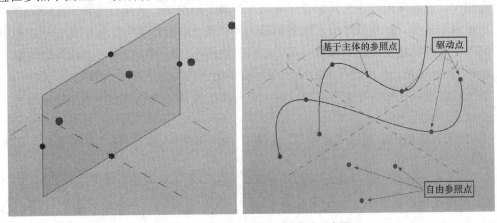

图 17-6 自由点及三种类型参照点示意图

参照线为用来创建模型几何图形（体量）或者创建几何图形（体量）时的限制条件。在族编辑器环境和概念体量环境中，可以在任一视图中添加参照线，并使用与添加模型线时相同的绘制工具和方法（概念体量环境下相同，族编辑器环境下略有区别）。绘制参照线时，它会显示为单独的线，在视觉样式设置为隐藏线或在线框的视图中，绘制的线将显示为实线，平面范围则使用虚线显示。

如图 17-7 所示，参照线有如下特点：

① 一条直线参照线有 4 个工作平面可以使用（沿长度方向有两个相互垂直的工作平面，在端点位置各有 1 个工作平面）；弧形参照线在端点位置有 2 个工作平面，因此用一条参照线，可以控制基于其 4 个工作平面的多个几何图形；

② 参照线是有长度、有中点的，可以标注参照线的长度尺寸，实现一些特殊控制；

③ 在概念体量环境下，可以在"属性"的标识数据中通过对"是参照线"的勾选，将无约束的模型线修改为参照线；

④ 在概念体量环境中，参照线可以同模型线一样，用来创建三维体量模型。

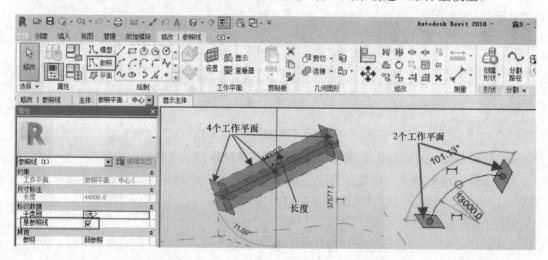

图 17-7　概念体量环境下参照线的相关特点

参照平面通过使用绘图工具创建。在绘图区域中，绘制一条线，用来定义新的参照平面，用做设计基准。在项目环境、族编辑器环境和概念体量环境中，可以在任一视图中绘制参照平面（项目环境和族编辑器环境下，三维视图不可绘制参照平面，而概念体量环境下三维视图可以绘制），参照平面会显示在为模型所创建的每个平面视图中。

参照平面可以在项目环境中添加，也可以在族编辑器环境和概念体量环境中添加，其常用的打开方式有：

① 在项目环境中，通过"建筑"、"结构"或"系统"选项卡—"工作平面"面板— （参照平面）打开；

② 在族编辑器环境中，通过"创建"选项卡—"基准"面板— （参照平面）打开；

③ 在概念体量环境中，通过"创建"或"修改"选项卡—"绘制"面板— （参照平面）打开。

如图 17-8 所示，单击"参照平面"命令后，在"修改 | 放置参照平面"选项卡下的"绘制"面板中，选择绘制选项或拾取线，通过绘制或者在模型中选择线、墙或边来添加参照平面。在"子类别"面板的下拉列表中可以创建子类别，用于控制可见性和图形设置，使用子类别为参照平面创建不同的线颜色和线样式，以便区分参照平面在 Revit 族和复杂视图及模型之间的应用差别；选项栏中可以根据需要设置或选择相关参数。

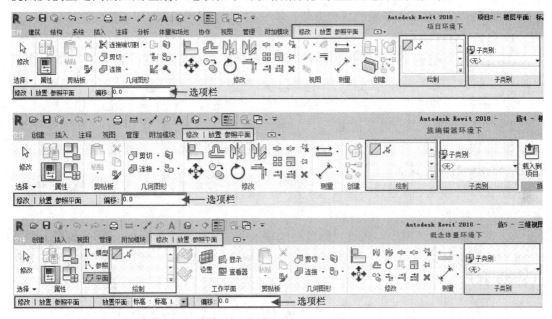

图 17-8 项目、族编辑器和概念体量环境下添加参照平面

17.1.3 工作平面

工作平面是一个用作视图或绘制图元起始位置的虚拟二维表面，工作平面的主要用途包括：

① 作为视图的原点；

② 绘制图元；

③ 在特殊视图中启用某些工具（例如在三维视图中启用"旋转"和"镜像"）；

④ 用于放置基于工作平面的构件。

每个视图都与工作平面相关联，例如，平面视图与标高相关联，标高为水平工作平面；立面视图与垂直工作平面相关联。在项目环境下某些视图（如平面视图、三维视图和绘图视图）以及族编辑器和概念体量环境下的视图中，工作平面是自动设置的，在其他视图（如立面视图和剖面视图）中，则必须手动设置工作平面。在视图中设置工作平面后，工作平面与该视图一起保存，可以根据需要修改工作平面。执行绘制操作（如创建拉伸屋顶）时，必须使用工作平面，绘制时，可以捕捉工作平面网格，但不能相对于工作平面网格进行对齐或尺寸标注。

可以作为工作平面进行绘制的图元主要有：

① 表面：可以拾取已有模型图元的表面作为绘制的工作平面；

② 三维标高；

③ 三维参照平面：默认的参照平面或使用 17.1.2 节中提到的"参照平面"工具绘制更多参照平面；

④ 参照点：每一个参照点都有自己的工作平面；

⑤ 参照线：直线参照线自带的 4 个工作平面和弧形参照线自带的 2 个工作平面。

下面将介绍设置工作平面的两种方法。

1. 默认工作平面

① 在立面、剖面视图中，把与立面平行的"中心（前/后）"或"中心（左/右）"参照平面作为工作平面；

② 在同一个视图中连续绘制模型线时，把上一次的工作平面作为当前工作平面。

2. 利用"设置"命令进行指定

如图 17-9 所示，单击"设置"命令为当前视图或所选基于工作平面的图元指定工作平面，常用的打开方式如下：

① 在项目环境中，通过"建筑"、"结构"或"系统"选项卡—"工作平面"面板—![图标]（设置）打开；

② 在族编辑器环境中，通过"创建"选项卡—"工作平面"面板—![图标]（设置）打开；

③ 在概念体量环境中，通过"创建"或"修改"选项卡—"工作平面"面板—![图标]（设置）打开。

图 17-9　项目环境下的设置命令

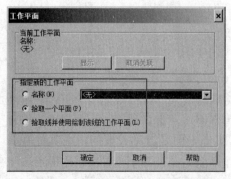

图 17-10　指定新的工作平面

使用"设置"工具后，在不同的环境及视图下，指定工作平面的方法不同。

（1）如图 17-10 所示，在所有环境下的平面、立面剖视图以及项目和族编辑器环境下的三维视图中，使用"设置"命令，会弹出"工作平面"对话框，在对话框中"指定新的工作平面"下进行相关选择，指定工作平面。

【注】　在绘图区域中选择基于工作平面的图元后，会出现拾取一个新主体选项。选择此选项并单击"确定"。在"修改 | 图元"选项卡中的"放置"面板上，选择所需的选项："垂直面"、"面"或"工作平面"，然后将光标移动到绘图区域上以高亮显示可用的图元主体，再单击以选择所需的主体。

（2）在概念体量环境下的三维视图中，使用"设置"工具可以直接单击拾取已有的三维参照平面、三维标高、已有图元表面、参照点或参照线自带的工作平面即可作为工作平面，然后绘制。

（3）在平面视图中，默认把当前楼层平面标高作为工作平面。

17.2　族、概念体量

17.2.1　创建族

族的三种类型（系统族、可载入族和内建族）中，由于可载入族具有高度可自定义的特性，且可以重复利用，因此可载入族是 Revit 中最经常创建和修改的族。可载入族用于创建建筑构件、系统构件和一些注释图元的族，例如窗、门、橱柜、装置、家具和植物、锅炉、热水器、空气处理设备和卫浴装置以及常规自定义的一些注释图元（符号和标题栏）。下面以可载入族为例，介绍创建族的方法。

创建族文件时，需要选择一个与该族所要创建的图元类型相对应的族样板，该样板相当于一个构建块，其中包含在开始创建族以及 Revit 在项目中放置族时所需要的信息。Revit 自带族样板十分丰富，因此在选择样板时需要考虑其分类、功能、使用方式等属性。如图 17-11 所示，在"文件"选项卡下，选择"新建"命令，单击"族"（也可选择"标

图 17-11　族样板的选择

题栏"和"注释符号"），即可弹出"新族-选择样板文件"对话框，对话框会显示默认位置子文件夹中所安装的可用英制或公制族样板，在这里可以选择我们需要的族样板（也可以从此处进行"标题栏"和"注释符号"族样板的选择）。选择族样板文件后，预览图像会显示在对话框的右上角。选择要使用的族样板（以公制常规模型族样板为例），然后单击"打开"，即进入了族编辑器环境。

如图 17-12 所示，族编辑器与 Revit 中的项目环境具有相同的外观，但其特征在于"创建"选项卡上提供了不同的工具。

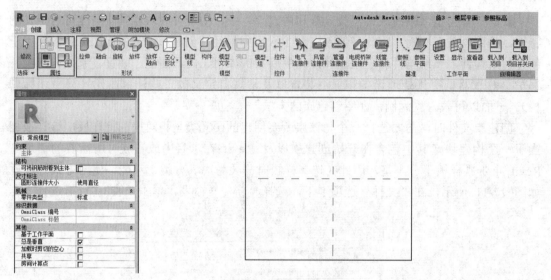

图 17-12　族编辑器环境

对于大多数族，将显示两条或更多条绿色的虚线，它们是在创建族几何图形时使用的参照平面或工作平面。在公制常规模型的环境下，"创建"选项卡下"形状"面板上工具的特点是先选择形状的生成方式，再进行绘制，主要的工具有拉伸、融合、旋转、放样、放样融合及对应的空心形状命令，具体的创建方式在下一节进行介绍。

Revit 的族主要包含 3 项内容，分别是"族类别"、"族参数"和"族类型"，其中"族参数"专指"族类别的参数"，而族类型的参数不能叫做"族参数"，其是指具体的、细微的参数，如尺寸等。具体内容如下：

1. 族类别和族参数

可以为任何族类型创建新实例参数或类型参数。通过添加新参数，就可以对包含于每个族实例或类型中的信息进行更多的控制，可以创建动态的族类型以增加模型中的灵活性。

如图 17-13 所示，族编辑器环境中，可以在"创建"选项卡的基准面板中找到"族类别和族参数"工具，通过此工具可以将预定义的族类别属性指定给要创建的构件，此工具只能用在族编辑器中。

（1）族类别：是以建筑物构件性质来归类，包括"族"和"类别"。例如门、窗或家具都各属于不同的族类别。

（2）族参数：应用于该族中所有类型的行为或标识数据。不同的类别具有不同的族参数，具体取决于 Revit 以何种方式使用构件。控制族行为的一些常见族参数包括：

① 主体：显示基于主体的族的主体，如"墙"，该设置主要用于创建了族的样板。

② 基于工作平面：选中该选项时，族以活动工作平面为主体，可以使任一无主体的族成为基于工作平面的族。

③ 总是垂直：选中该选项时，该族总是显示为垂直，即 90°，即使该族位于倾斜的主体（如斜屋面）上。

④ 加载时剪切的空心：选中后，族中创建的空心将穿过实体。以下类别可通过空心进行切割：天花板、楼板、常规模型、屋顶、结构柱、结构基础、结构框架和墙。

⑤ 零件类型："零件类型"为族类别提供其他分类，并确定模型中的族行为。例如，"弯头"是"管道管件"族类别的零件类型。

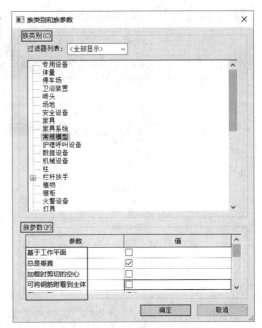

图 17-13　族类别和族参数对话框

⑥ 圆形连接件尺寸：定义连接件的尺寸是由半径还是由直径确定。

⑦ 共享：仅当族嵌套到另一族内并载入到项目中时才适用此参数。如果嵌套族是共享的，则可以从主体族中独立选择、标记嵌套族并将其添加到明细表。如果嵌套族不共享，则主体族和嵌套族创建的构件将作为一个单位。

⑧ 房间计算点：选择该选项将显示房间计算点。通过房间计算点可以调整族的归属房间。

2. 族类型

通过"族类型"工具，可以为族创建多个类型（尺寸），要执行此操作，尺寸标注必须已经添加标签，要修改的参数必须已经创建。每个族类型都有一组属性（参数），其中包括带标签的尺寸标注及其相应的值。也可以为族的标准参数（例如材质、模型、制造商、类型标记等）添加值。

如图 17-14 所示，族编辑器环境中，可以在"创建"选项卡的基准面板中找到"族类型"工具，通过此工具为现有族类型输入参数值，将参数添加到族中，或在族中创建新的类型。在一个族中，可以创建多种族类型，其中每种类型均表示族中不同的大小或变化。使用"族类型"工具可以指定用于定义族类型之间差异的参数。

17.2.2　创建概念体量

Revit 软件在"新建"命令中提供了"概念体量"工具，"概念体量"工具实际应用广泛、高效，但是应用难度也比较大，其中"参数化"部分更体现出"概念体量"工具具有强大的实际应用价值。创建概念体量，也就是进入概念体量环境有两种方法：一是内建体量法，二是可载入概念体量族法。

图 17-14　族类型对话框

　　创建概念体量的过程中会涉及很多专业词汇，为了方便读者理解各个词汇所代表的意思及用途，下面将概念体量的相关词汇做了详细介绍。

　　① 体量：使用体量实例观察、研究和解析建筑形式的过程。

　　② 体量族：形状的族，属于体量类别。内建体量随项目一起保存，它不是单独的文件。

　　③ 体量实例或体量：载入的体量族的实例或内建体量。

　　④ 概念设计环境：实质是一个体量族编辑器，可以使用内建和可载入族体量图元来创建概念设计，用于创建要加载到 Revit 项目环境中的概念体量和自适应几何图形。主要用于建筑概念及方案设计阶段，设计过程的早期为建筑师、结构工程师和室内设计师提供了灵活性，能够表达想法并创建可集成到建筑信息建模（BIM）中的参数化族体量。通过这种环境，可以直接操纵设计中的点、边和面，形成可构建的形状或参数化构件，也可以在概念设计环境中设计嵌套在其他模型内的智能子构件。

　　⑤ 体量形状：每个体量族和内建体量的整体形状。

　　⑥ 体量研究：在一个或多个体量实例中对一个或多个建筑形式进行的研究。

　　⑦ 体量面：体量实例上的表面，可用于创建建筑图元（如墙或屋顶）。

　　⑧ 体量楼层：在已定义的标高处穿过体量的水平切面。体量楼层提供了有关切面上方体量直至下一个切面或体量顶部之间尺寸标注的几何图形信息。

　　⑨ 建筑图元：可以从体量面创建的墙、屋顶、楼板和幕墙系统。

　　⑩ 分区外围：建筑必须包含在其中的法定定义的体积，分区外围可以作为体量进行

建模。

1. 利用可载入概念体量族法创建概念体量

如图 17-15 所示，利用可载入概念体量族法创建概念体量时，在"文件"选项卡下，选择"新建"命令，单击"概念体量"，即可弹出"新概念体量-选择样板文件"对话框，对话框会显示默认位置子文件夹中所安装的"公制体量.rft"族样板，选择族样板文件后，预览图像会显示在对话框的右上角，然后单击"打开"，即进入了概念体量环境。

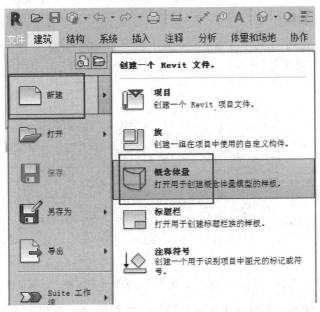

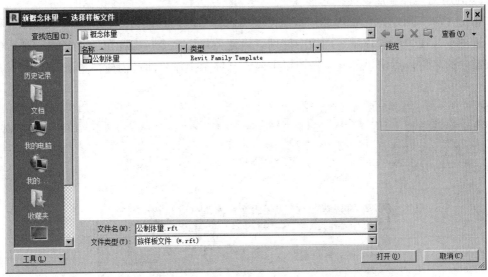

图 17-15　概念体量族样板的选择

如图 17-16 所示，概念体量的操作界面（可载入概念体量族法）与"建筑样板"和"族"的操作界面有很多共同之处，这里要强调的是在体量中的"绘图区"有三个工作平面，分别是"中心（左/右）"、"中心（前/后）"和"标高一"。当我们要在绘图区操作时，需要选择和创建合适的工作平面来创建体量模型。

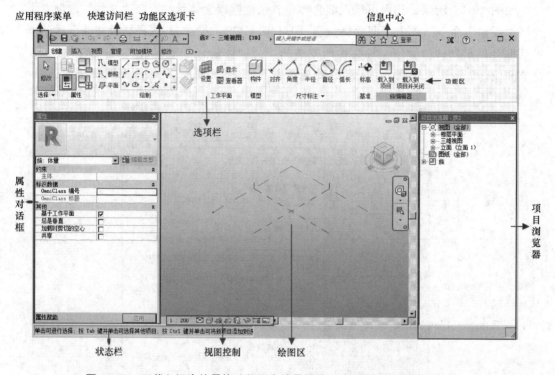

图 17-16　可载入概念体量族法的概念体量操作界面（概念体量设计环境）

2. 利用内建体量法创建概念体量

如图 17-17 所示，利用内建体量法创建概念体量时，在项目环境下，单击"体量和场地"选项卡，在"概念体量"面板中使用"内建体量"命令，在弹出的"名称"对话框中输入需要的名称，点击"确定"按钮将进入概念体量操作界面（内建体量法）。

图 17-17　内建体量法进入概念体量

利用内建体量法创建概念体量时的操作界面如图 17-18 所示，与利用可载入族法创建概念体量时的操作界面在功能区、项目浏览器、属性对话框及绘图区都有所不同，最主要的区别是绘图区是否有三维参照平面、三维标高等内容。

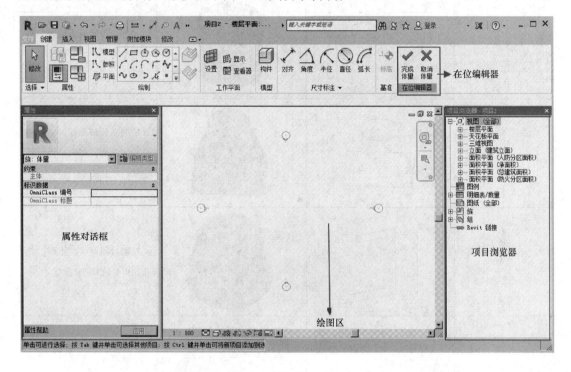

图 17-18　内建体量法的概念体量操作界面（概念体量设计环境）

两种创建概念体量的方法主要区别在于：

（1）一个是项目之内（内建体量法）不必单独保存，而另一个是项目之外（可载入概念体量族法）。

（2）可载入概念体量族法创建的概念体量环境中可以显示三维参照平面、三维标高等用于定位和绘制的工作平面，可以快速在工作平面之间切换，提高设计效率。

两种创建概念体量的方法存在不同，但是创建的方式是一致的，具体的创建方式在下一节进行介绍。

17.3　创建三维实体模型

17.3.1　族（构件族）创建三维实体模型

结合 17.2.1 节相关内容，在族编辑器环境下，以公制常规模型为例，"创建"选项卡下"形状"面板上工具的特点是先选择形状的生成方式，再进行绘制，主要的工具有拉伸、融合、旋转、放样、放样融合及对应的空心形状命令，也可以用实心和空心的剪切来创建形状，具体操作方式的说明如表 17-1 所示，详细操作方法和注意事项可参照 Revit 2018 自带的帮助文件自行深入学习。

族（构件族）创建三维实体模型命令简要说明   表 17-1

建模方式	草图轮廓	模型成果	建模说明
拉伸			拉伸二维轮廓来创建三维实心形状
融合			绘制底部和顶部二维轮廓并指定高度，将两个轮廓融合在一起生成模型
旋转			绘制封闭的二维轮廓，并指定中心轴来创建模型
放样			绘制路径，并创建二维截面轮廓生成模型
放样融合			创建两个不同的二维轮廓，然后沿路径对其进行放样生成模型

17.3.2　概念体量创建三维实体模型

　　结合 17.2.2 节相关内容，在概念体量环境下，以公制体量为例，"创建"选项卡下"绘制"面板上工具的特点是先进行轮廓、对称轴、路径等二维图元的绘制，再进行形状生成方式（实心或空心）的选择，可以使用点、线、面图元创建各种复杂的实体模型和面模型（使用开放轮廓线创建），无具体的形状命令，但也可以归纳为拉伸、放样（融合）、旋转、扫描（放样）、放样融合和表面，也可以用实心和空心的剪切来创建形状，具体创建方式的说明如表 17-2 所示，详细操作方法和注意事项可参照 Revit 2018 自带的帮助文件自行深入学习。

概念体量创建三维实体模型方式简要说明　　　　　　表 17-2

建模方式	草图轮廓	模型成果	建模说明
拉伸			拉伸二维轮廓来创建三维实心形状 【注】体量形状模型不能通过设置拉伸起点和终点来调整拉伸高度，可通过参数来控制体量高度
放样（融合）			与族"放样"不同，而是相当于构件族的"融合"，功能更强大，可以在多个平行或不平行截面之间融合为复杂体量模型
旋转			绘制封闭或不封闭的二维轮廓，并指定中心轴来创建三维模型或表面模型
扫描（放样）			绘制路径，并创建二维截面轮廓生成模型
放样融合			创建两个或多个不同的二维轮廓，然后沿路径对其进行放样生成模型
表面			选择开放模型线或参照线，进行拉伸、旋转、扫描（放样）、放样（融合），即可创建表面模型

族（构件族）和体量族在创建三维实体模型的设计思路上是一致的，但也存在不同，主要区别包括：

（1）参数化：构件族需要设置许多控制参数；体量族只需几个简单的尺寸控制参数或没有参数。

（2）创建方法：创建构件族时，先选择某一个"实心"或"空心"命令，再绘制轮廓、路径等创建三维模型；而体量族必须先绘制轮廓、对称轴、路径等二维图元，然后才能用"创建形状"工具的"实心形状"或"空心形状"命令创建三维模型。

（3）复杂程度：构件族只能用"拉伸、融合、旋转、放样、放样融合"5 种方法创建三维实体模型；而体量族可以使用点、线、面图元创建各种复杂的实体模型和面模型（使用开放轮廓线创建）。

（4）表面有理化与智能子构件：体量族可以自动使用有理化图案分割体量表面，可以使用嵌套的智能子构件来分割体量表面，从而实现一些复杂的设计。构件族没有此项功能。

17.4　三维形状的修改

无论是构件族还是体量族，对其三维形状均可以再进行编辑和修改，使其达到最终需要的形状，族中提供了连接、剪切、拆分面等功能。

17.4.1　剪切

如图 17-19 所示，在项目环境、族编辑器环境或概念体量环境下，单击"修改"选项卡下的"几何图形"面板的"剪切"下拉菜单，会出现"剪切几何图形"和"取消剪切几何图形"两个工具，使用"剪切几何图形"工具可以拾取并选择要剪切和不剪切的几何图

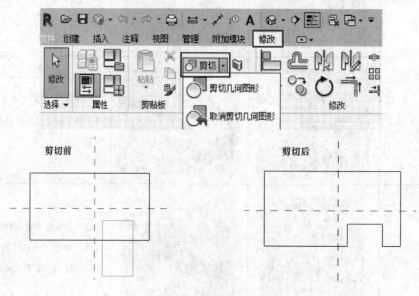

图 17-19　剪切工具

形。创建空心形状时，空心仅影响现有的几何图形。可以使用"剪切几何图形"工具让空心形状去剪切空心就位之后创建的实心形状。

通常情况下是以空心形状剪切几何图形，实际使用过程中实心形状也可以剪切概念体量和模型族实例创建的模型，但不能以实心形状剪切系统族、详图族和轮廓族。使用"剪切几何图形"命令时，第二个拾取对象的材质将同时应用于两个对象。虽然"剪切几何图形"和"取消剪切几何图形"工具主要用于族，但也可以将其用于嵌入幕墙和剪切项目几何图形。

17.4.2　连接

如图 17-20 所示，在项目环境、族编辑器环境或概念体量环境下，单击"修改"选项卡下的"几何图形"面板的"连接"下拉菜单，会出现"连接几何图形"和"取消连接几何图形"两个工具，使用"连接几何图形"工具可以在共享公共面的两个或多个主体图元（如墙和楼板）之间创建连接，也可以连接主体和内建族或者主体和项目族。

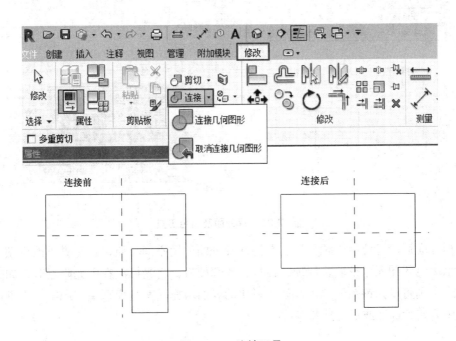

图 17-20　连接工具

在族编辑器中连接几何图形时，会在不同形状之间创建连接。但是在项目中，连接图元实际上会根据下列方案剪切其他图元：

① 墙剪切柱；

② 结构图元剪切主体图元（墙、屋顶、天花板和楼板）；

③ 楼板、天花板和屋顶剪切墙；

④ 檐沟、封檐带和楼板边剪切其他主体图元。檐口不剪切任何图元。

【注】 使用"连接几何图形"命令时，第一个拾取对象的材质将同时应用于两个对象，同时删除连接图元之间的可见边，之后连接的图元便可以共享相同的线宽和填充样式。

17.4.3 拆分面和填色

如图 17-21 所示，在项目环境、族编辑器环境或概念体量环境下，"修改"选项卡下的"几何图形"面板中有"拆分面"和"填色"两个工具，其中"填色"工具的下拉菜单有"填色"和"删除填色"两个命令，使用"拆分面"工具可以将图元（如墙和楼板）的面分割成若干区域，以便应用不同的材质，此工具只能拆分图元的选定面，而不会产生多个图元或修改图元的结构。

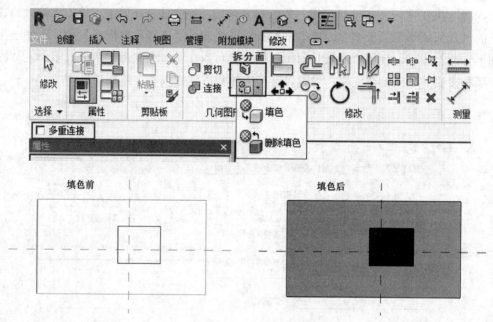

图 17-21　拆分面及填色工具

在拆分面后，可使用"填色"工具为此部分面应用不同材质，该工具不改变图元的结构，可以填色的图元包括墙、屋顶、体量、族和楼板。将光标放在图元附近时，如果图元高亮显示，则可以为该图元填色。如果材质的表面填充图案是模型填充图案，则可以在填充图案中为尺寸标注或对齐选择参照。

17.5　构件族创建造型柱

本节以第十期全国 BIM 技能等级考试（一级）试题第四题为例，详细讲解利用构件族创建造型柱的过程。

【真题 1】 根据图 17-22 给定尺寸，用构建集形式建立陶立克柱的实体模型，并以"陶立克柱"为文件名保存到考生文件夹中。（20 分）

【解】 首先对题目进行分析，确定主要的考点有：常规模型的创建；旋转、拉伸命令的使用；径向阵列的使用；尺寸的正确性；文件保存正确性。主要的绘制方法有：使用拉伸创建上下支座；使用旋转创建上下柱帽；使用拉伸和径向阵列创建中间部分。

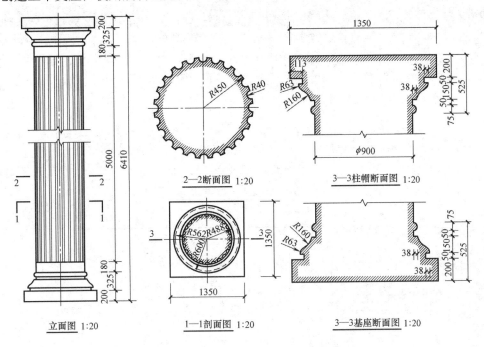

图 17-22　陶立克柱真题图示（单位：mm）

操作的详细步骤如下：

1. 打开软件，单击"族"面板下的"新建"按钮，然后在打开的"新族-选择样板文件"对话框中，选择"公制常规模型.rft"文件，接着单击"打开"按钮，如图 17-23 所示。

图 17-23　打开公制常规模型

2. 切换到"创建"选项卡，在"形状"面板中单击"拉伸"按钮，接着在"修改|创建拉伸"选项卡中的"绘制"面板选择"圆形"绘制方式，在视图中绘制半径为 450mm、高度为 5000mm 的柱轮廓，如图 17-24 所示。

3. 再次切换到"创建"选项卡，在"形状"面板中单击空心形状中的"拉伸"按钮，接着选择"圆形"绘制方式，在视图中大圆的上部绘制半径为 40mm 的圆，点击"完成编辑模式"完成空心模型的创建，如图 17-25 所示。

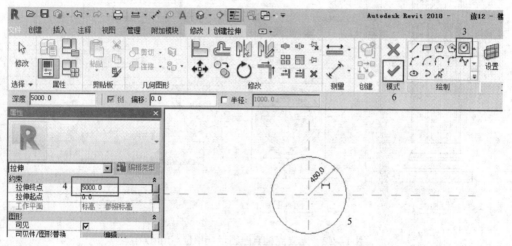

图 17-24　创建柱轮廓

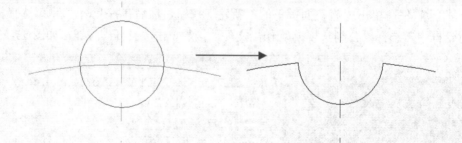

图 17-25　空心形状创建

4. 选择创建的空心模型，切换至"修改"选项卡，在"修改"面板中单击"阵列"按钮，在选项栏中选取"半径"，项目数输入"7"，移动到设置为"最后一个"，并将旋转中心移动到大圆中心，顺时针选取竖向和水平的参照平面，生成 1/4 圆弧的空心形状，再利用镜像工具，生成剩余的空心形状，完成陶立克柱中间部分的创建，如图 17-26 所示。

5. 切换至前立面，在"创建"选项卡的"形状"面板中单击"旋转"按钮，接着利用"修改|创建旋转"选项卡下"绘制"面板中"边界线"包含的直线等相关命令绘制轮廓线，轮廓线绘制完成后选择对应轴线，点击"完成编辑模式"完成柱帽的创建，再利用"镜像"工具生成另外的柱帽，如图 17-27 所示。

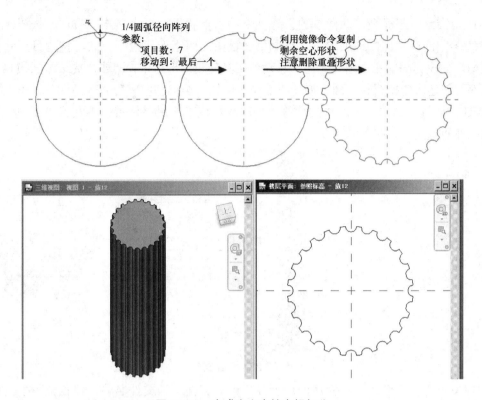

图 17-26　完成陶立克柱中间部分

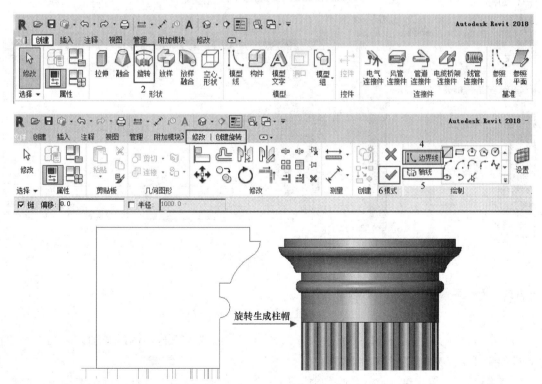

图 17-27　创建柱帽

6. 切换至参照标高，在"创建"选项卡的"形状"面板中单击"拉伸"按钮，接着选择"修改|创建拉伸"选项卡下"绘制"面板中的"矩形"绘制方式，按题目尺寸绘制长宽均为 1350mm 的正方形，利用"移动"工具使正方形居中，点击"完成编辑模式"完成支座的创建。切换至正立面，拖动"造型操纵柄"至上部柱帽位置（下端与柱帽上端对齐），在"属性对话框"中的"拉伸终点"输入数值确定最终位置，再利用"复制"工具生成另外的支座，如图 17-28 所示。

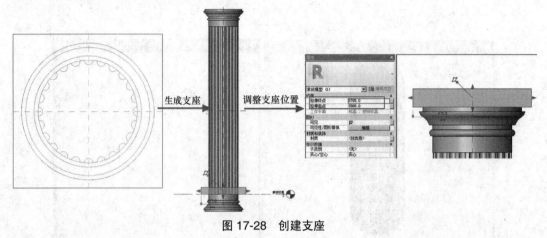

图 17-28　创建支座

7. 按照题目的要求，将完成的模型以"陶立克柱"为文件名称，保存至考生文件夹中，如图 17-29 所示。

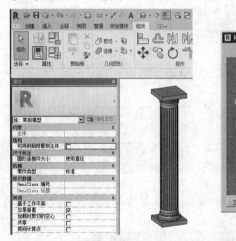
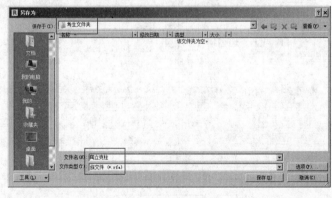

图 17-29　保存文件

17.6　体量模型创建杯形基础

本节以第十期全国 BIM 技能等级考试（一级）试题第三题为例，详细讲解利用概念体量创建杯形基础的过程。

【真题 2】 根据图 17-30 给定尺寸，用体量方式创建模型，整体材质为混凝土，请将模型以"柱脚"为文件名保存到考生文件夹中。（20 分）

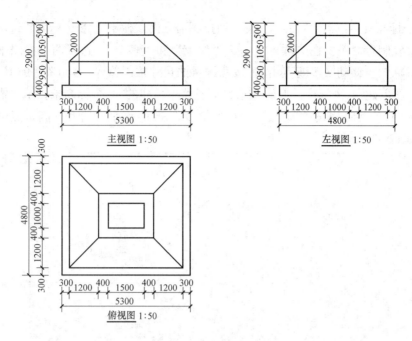

图 17-30 杯形基础真题图示（单位：mm）

【解】 首先对题目进行分析，确定主要的考点有：体量的创建；体量融合、拉伸命令的使用；尺寸的正确性；文件保存正确性。主要的绘制方法有：实心体量拉伸；体量融合；空心体量拉伸。

操作的详细步骤如下：

1. 打开软件，单击"族"面板下的"新建概念体量"按钮，然后在打开的"新概念体量-选择样板文件"对话框中，选择"公制体量.rft"文件，接着单击"打开"按钮，如图 17-31 所示。

图 17-31 打开公制体量模型

2. 选中标高 1，点击"View Cube"切换到前立面，使用"修改|标高"选项卡内修改面板上的"复制"命令，在选项栏上勾选"约束"和"多个"，选择两个参照平面交点为起点后将鼠标向上移动（不要点击），按照题目的尺寸依次输入"400"、"950"、"1050"和"500"，新创建 4 个标高，此时在项目浏览器中新建的 4 个标高未显示，需要使用在"视图"选项卡下创建面板的"楼层平面"命令，Shift 键全选所有标高，点击确定创建标高，如图 17-32 所示。

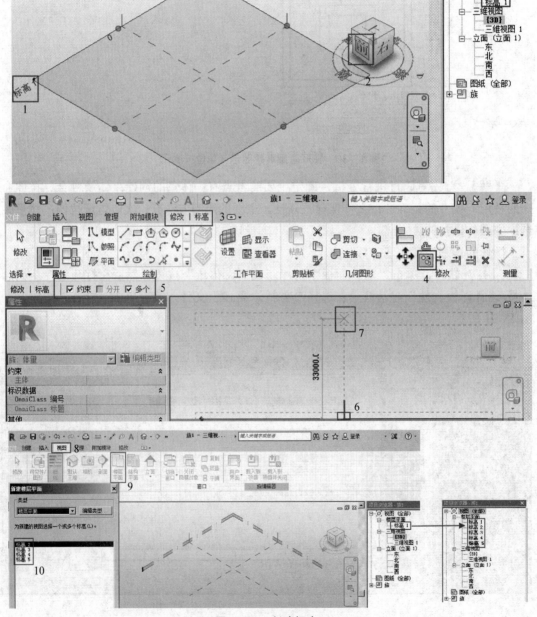

图 17-32　创建标高

3. 切换到标高 1，使用"创建"选项卡内绘制面板中的"矩形"命令，创建 5300mm×
4800mm 的矩形，并使用"移动"命令调整位置使其居中。选择绘制的矩形，点击"修改|
线"选项卡内"形状"面板中的"创建形状"下拉菜单，选择"实心形状"命令，切换至
南立面调整高度至标高 2（此处也可直接输入"400"确定位置），完成最下端平台的创建，
如图 17-33 所示。

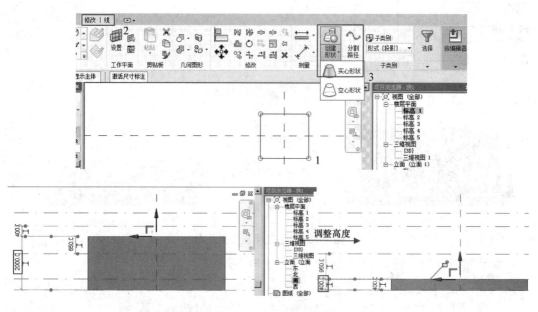

图 17-33　创建标高 1 处平台

4. 切换到标高 2，使用"修改"选项卡内绘制面板中的"拾取线"命令，在选项栏的
"偏移"输入"300"，顺时针选取原有矩形，完成标高 2 矩形的创建，选取新创建的矩形，
点击"修改|线"选项卡内"形状"面板中"创建形状"的下拉菜单，选择"实心形状"
命令，切换至南立面调整高度至标高 3（此处也可直接输入"950"确定位置），完成第二
层平台的创建，如图 17-34 所示。

5. 切换到标高 3，使用"修改"选项卡内绘制面板中的"拾取线"命令，选项栏的
"偏移"输入"0"，顺时针选取原有矩形，完成标高 3 矩形的创建；切换至标高 4，使用
"修改"选项卡内"绘制"面板中的"拾取线"命令，选项栏的"偏移"输入"1200"，
顺时针选取原有矩形，完成标高 4 矩形的创建。切换至三维视图，隐藏标高 2 处创建的平
台，选取标高 3 和标高 4 处新创建的矩形，点击"修改|线"选项卡内"形状"面板中
"创建形状"的下拉菜单，选择"实心形状"命令，完成第三层平台的创建，如图 17-35
所示。

6. 切换到标高 4，使用"修改"选项卡内绘制面板中的"拾取线"命令，选项栏的
"偏移"输入"0"，顺时针选取原有矩形，完成标高 4 矩形的创建，选取标高 4 处新创建
的矩形，点击"修改|线"选项卡内"形状"面板中"创建形状"的下拉菜单，选择"实
心形状"命令，完成第四层平台的创建，如图 17-36 所示。

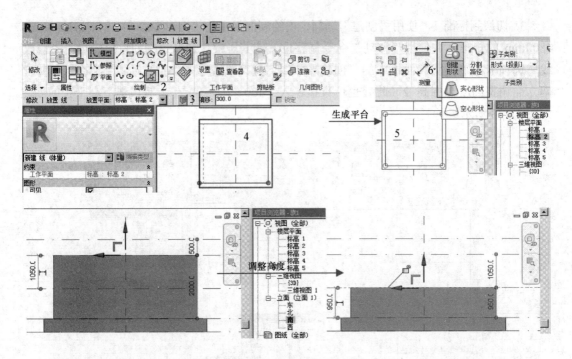

图 17-34　创建标高 2 处平台

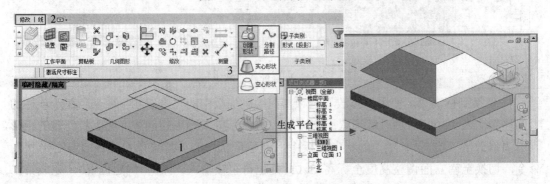

图 17-35　创建标高 3 处平台

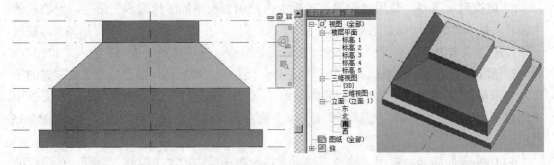

图 17-36　创建标高 4 处平台

7. 切换到标高 5，使用"修改"选项卡内"绘制"面板中的"拾取线"命令，在选项栏的"偏移"输入"400"，顺时针选取原有矩形，完成标高 5 矩形的创建，选取新创建的矩形，点击"修改|线"选项卡内"形状"面板中"创建形状"的下拉菜单，选择"空心

形状"命令，切换至南立面通过输入 2000mm 调整高度，完成空心形状的创建，如图 17-37 所示。此处需检查空心形状是否与所有涉及的实心形状进行了剪切，若存在未剪切情况，请使用"剪切几何图形"命令进行剪切操作。

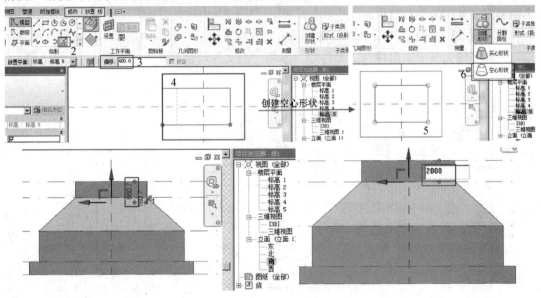

图 17-37　创建空心形状

8. 按照题目要求赋予混凝土材质，选取对应的体量，在"属性对话框"的材质和装饰内的"材质"中选取混凝土材质，点击"确定"赋予材质，最终将完成的模型以"柱脚"为文件名称，保存至考生文件夹中，如图 17-38 所示。

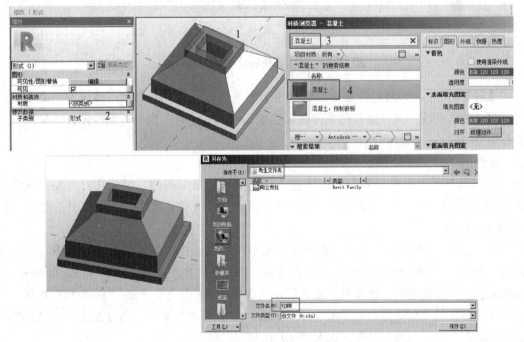

图 17-38　赋予材质及保存

17.7　体量模型创建室外构筑物

参照第五期全国 BIM 技能等级考试（一级）试题第三题，详细讲解利用概念体量为别墅创建室外构筑物的过程。

【真题 3】　图 17-39 某水塔。请按图示尺寸要求建立该水塔的实心体量模型，水塔水箱上下曲面均为正十六面棱台。最终以"水塔"为文件名保存在考生文件夹中。（10 分）

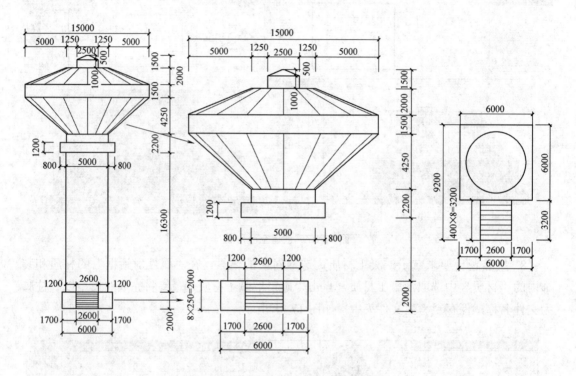

图 17-39　水塔真题图示（单位：mm）

【解】　首先，先对题目进行分析，主要的考点有：体量的创建；体量拉伸命令的使用；尺寸的正确性；文件保存的正确性。主要的绘制方法有：实心体量拉伸；体量融合；空心体量拉伸。

操作的详细步骤如下：

1. 打开软件，单击"族"面板下的"新建概念体量"按钮，然后在打开的"新概念体量-选择样板文件"对话框中，选择"公制体量.rft"文件，接着单击"打开"按钮，如图 17-40 所示。

2. 切换至顶部视图，使用"修改"选项卡内绘制面板中的"拾取线"命令，在选项栏的"偏移"输入"3000"，选取参照平面，再使用"修剪"工具，完成 6000mm×6000mm 正方形的绘制。切换至三维视图，选取新创建的矩形，点击"修改|线"选项卡内"形状"面板的"创建形状"下拉菜单，选择"实心形状"命令，高度直接输入"2000"确定位置，完成体量模型的创建，如图 17-41 所示。

图 17-40 打开公制体量模型

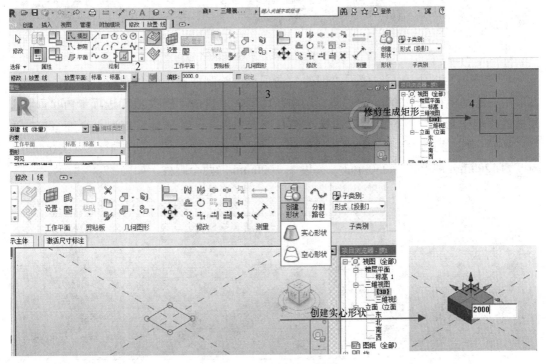

图 17-41 创建实心形状

3. 切换至西立面，使用"修改"选项卡内"绘制"面板中的"直线"命令，按照题目尺寸绘制台阶侧面轮廓线，其中踏步部分可采用"复制"命令。切换至三维视图，选中新建轮廓线，点击"修改|线"选项卡内"形状"面板中的"创建形状"下拉菜单，选择"实心形状"命令，生成体量模型，将轮廓线组成的面向右拖拽至参照平面右侧，将面与参照平面间的临时尺寸改为 1300mm，选取左侧轮廓线面，将面与参照平面间的临时尺寸改为 1300mm，创建完成台阶体量模型，如图 17-42 所示。

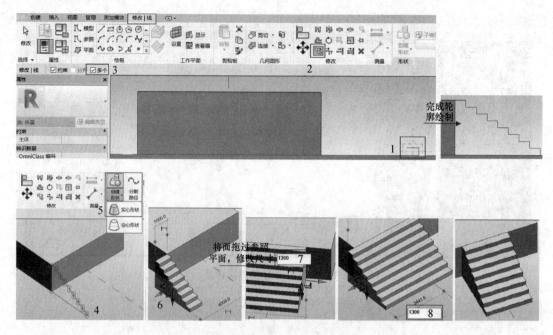

图 17-42　创建台阶体量模型

4. 选择方台的上表面，使用"创建"选项卡内绘制面板中的"圆形"命令，选取正方形中心绘制半径为 2500mm 的圆，选中新建圆形，点击"修改|线"选项卡内"形状"面板的"创建形状"下拉菜单，选择"实心形状"命令，生成体量模型，高度直接输入"16300"确定位置，完成体量模型的创建。按照上述方法，依次创建半径为 3300mm、高度为 1200mm 和半径为 2500mm、高度为 1000mm 的两个圆柱，如图 17-43 所示。

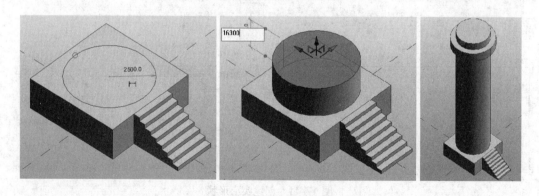

图 17-43　创建柱体量模型

5. 创建水塔水箱的下部，首先要创建一个参照平面，选择标高 1 处参照平面，按住 Ctrl 键向上拖拽生成标高 2，高度输入"24500"确定其高度。选择圆柱上部圆形，切换至顶视图，使用"创建"选项卡内"绘制"面板中的"内接多边形"命令，选项栏中的"边"设置为"16"，选取圆柱中心绘制半径为 2500mm 的内接多边形。切换至三维视图，选择标高 2 处的工作平面，使用"创建"选项卡内"绘制"面板中的"内接多边形"命令，此处要注意由"在面上绘制"切换到"在工作平面上绘制"，选项栏中的"边"设置为"16"。

切换至顶视图，选取中心绘制半径为 7500mm 的内接多边形。选择新创建的两个多边形，点击"修改|线"选项卡内"形状"面板的"创建形状"下拉菜单，选择"实心形状"命令，完成水塔水箱下部体量模型的创建，如图 17-44 所示。

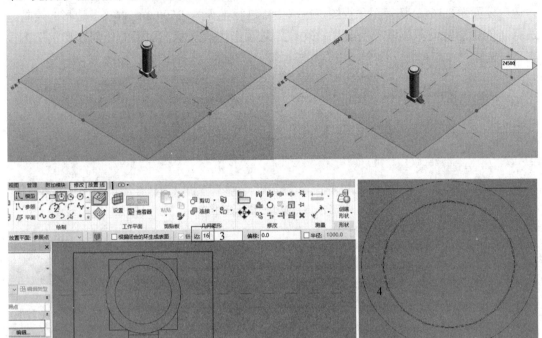

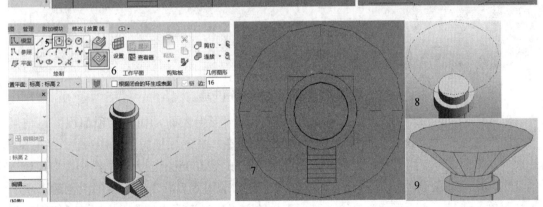

图 17-44　创建水塔水箱下部

6. 选择水塔水箱下部的上表面，切换至顶视图，使用"创建"选项卡内"绘制"面板中的"圆形"命令，选取正方形中心绘制半径为 7500mm 的圆，选中新建圆形，点击"修改|线"选项卡内"形状"面板的"创建形状"下拉菜单，选择"实心形状"命令，生成体量模型，高度直接输入"1500"确定位置，完成水塔水箱中部体量模型的创建，如图 17-45 所示。

7. 创建水塔水箱的上部，首先要创建一个参照平面，选择标高 2 处参照平面，按住 Ctrl 键向上拖拽生成标高 3，高度输入"3500"确定其高度。选择水塔水箱中部的上表面，切换至顶视图，使用"创建"选项卡内"绘制"面板中的"内接多边形"命令，选项栏中

的"边"设置为"16"，选取圆柱中心进行半径为 7500mm 的内接多边形的绘制。切换至三维视图，选择标高 3 处的工作平面，使用"创建"选项卡内"绘制"面板中的"内接多边形"命令，此处要注意由"在面上绘制"切换到"在工作平面上绘制"，选项栏中的"边"设置为"16"，切换至顶视图，选取中心进行半径为 2500mm 内接多边形的绘制。选择新创建的两个多边形，点击"修改|线"选项卡内"形状"面板的"创建形状"下拉菜单，选择"实心形状"命令，完成水塔水箱上部体量模型的创建，如图 17-46 所示。

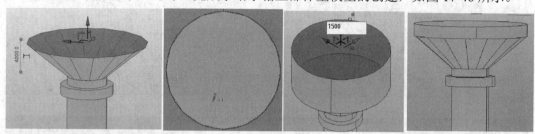

图 17-45 创建水塔水箱中部

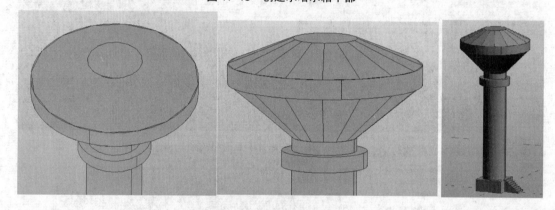

图 17-46 创建水塔水箱中部

8. 绘制水塔上部的塔尖，选取水塔水箱上部圆形上表面，切换至顶部视图，使用"修改"选项卡内"绘制"面板中的"拾取线"命令，在选项栏的"偏移"输入"1250"，选取参照平面，再使用"修剪"工具，完成 2500mm×2500mm 正方形的绘制。切换至三维视图，选取新创建的矩形，点击"修改|线"选项卡内"形状"面板中的"创建形状"下拉菜单，选择"实心形状"命令，高度直接输入"1000"确定位置，完成体量模型的创建，如图 17-47 所示。

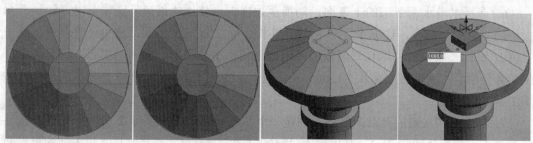

图 17-47 创建水塔塔尖

9. 接着绘制水塔上部的塔尖，选取正方体上表面，点击"修改|线"选项卡内"形状"面板的"创建形状"下拉菜单，选择"实心形状"命令，高度直接输入"500"确定位置，完成体量模型的创建。切换至前视图，使用"创建"选项卡内"绘制"面板中的"直线"命令，绘制塔尖的轮廓，此处注意要选择"在面上绘制"，然后再切换至右视图进行同样操作。切换至三维视图，分别选取新创建的轮廓，点击"修改|线"选项卡内"形状"面板中的"创建形状"下拉菜单，选择"空心形状"命令并拉伸，完成最终体量模型的创建，如图 17-48 所示。

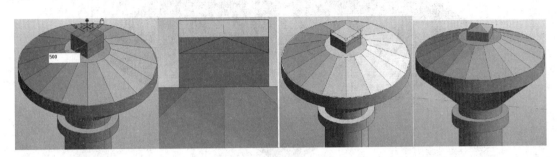

图 17-48　创建最终模型

10. 按照题目的要求，将完成的模型以"水塔"为文件名称，保存至考生文件夹中，如图 17-49 所示。

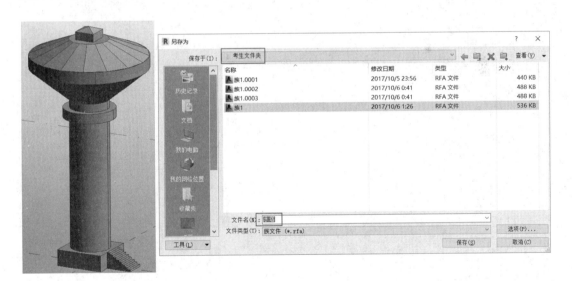

图 17-49　最终整体模型及保存文件

11. 在水塔文件的基础上打开前期创建的别墅项目文件，打开后将"室外地坪"设置为工作平面。通过切换窗口切换至水塔文件，使用"载入到项目"命令，窗口自动切换至别墅项目文件，选择合适位置放置水塔。为使别墅项目整体效果更好，可对原屋顶、草坪和游泳池水的材质颜色进行调整，相关步骤可参照 3.1.1 节材质设置，此处不再详细介绍。最终的效果如图 17-50 所示。

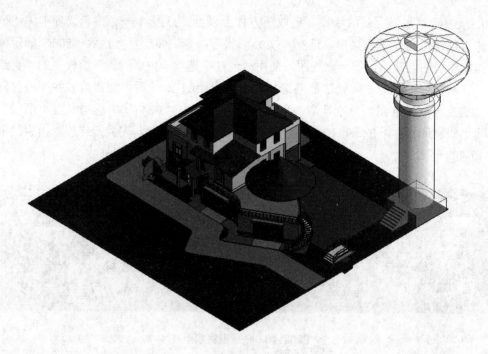

图 17-50　别墅调整后最终效果图

第18章 一级考试真题解析

本章将选取历年全国 BIM 技能等级考试（一级）中的经典试题进行讲解。通过分析历年真题，发现族（构建集）、体量和小型建筑等三种题型所占比例较大，故本章将分别对上述题型进行详细介绍，以便读者掌握建模方法和技巧。

18.1 构建集

18.1.1 柱顶饰条

【真题 1】 根据图 18-1 中给定的轮廓与路径，创建内建构件模型。请将模型文件以"柱顶饰条"为文件名保存到考生文件夹中。（10 分，全国 BIM 技能等级考试一级第三期第四题）

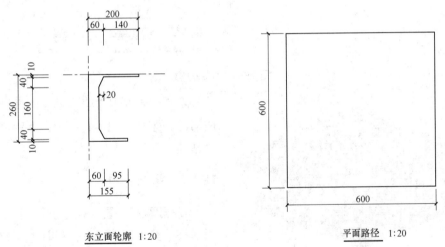

东立面轮廓 1:20   平面路径 1:20

图 18-1 柱顶饰条真题示意图（单位：mm）

【解】 新建项目，在"建筑"选项卡中单击"构件"下拉按钮，选择"内建模型"命令，"族类别和族参数"对话框中选择"常规模型"，单击"确定"，给模型定义名称后进入模型创建界面。

在"形状"面板中选择"放样"命令，在"修改|放样"上下文选项卡中选择"放样"面板中的"绘制路径"命令，如图 18-2 所示，按照题目要求绘制 600mm×600mm 的平面路径，单击"完成编辑模式"。

单击"放样"面板，"选择轮廓"—"编辑轮廓"，在"转到视图"对话框中选择"立面：东"，单击"打开视图"，如图 18-3 所示。按照题目要求尺寸绘制东立面轮廓线。

图 18-2　绘制路径

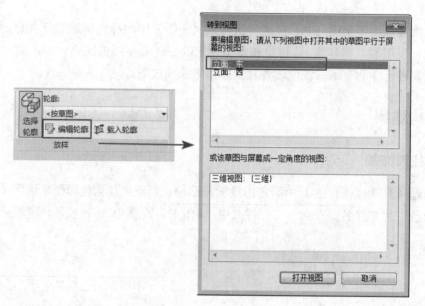

图 18-3　编辑轮廓

单击"完成模型"，完成模型绘制，完成后的模型如图 18-4 所示，保存文件名为"柱顶饰条"。

18.1.2　组合栏杆

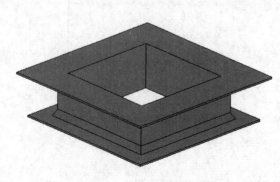

图 18-4　柱顶饰条完成模型

【真题 2】　图 18-5 为某栏杆。请按照图示尺寸要求新建并制作栏杆的构建集，截面尺寸除扶手外其余杆件均相同。材质方面，扶手及其他杆件材质设为"木材"，挡板材质设为"玻璃"。最终结果以"栏杆"为文件名保存在考生文件夹中。（20 分，全国 BIM 技能等级考试（一级）第四期第四题）

【解】　新建"族"，选择"公制常规模型"样本文件，点击"打开"。

在项目浏览器中，双击"立面（立面 1）"中的"前"进入前立面视图。在前立面根据相关位置绘制参照平面，分别离中心轴左右各 1000mm、离参照标高 1200mm。

双击"立面（立面 1）"中的"左"进入左立面视图，在"创建"选项卡内"形状"面板中选择"拉伸"命令，按照 1-1 断面所示尺寸创建拉伸。点击"属性对话框"中"材质和装饰"下的"材质"后面的隐藏按钮，如图 18-6 所示。

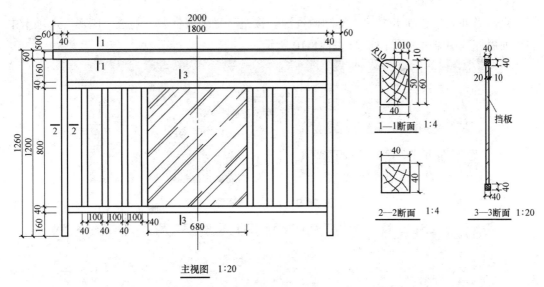

主视图　1:20

图 18-5　组合栏杆真题示意图（单位：mm）

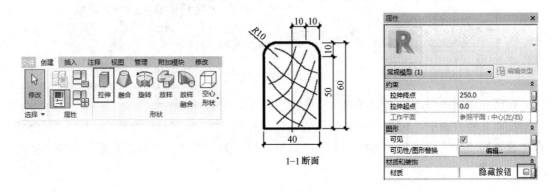

图 18-6　创建拉伸设置材质

搜索材质"木"，点击 Autodesk 材质库中"柚木"后的向上箭头，将"柚木"材质添加到该项目中，如图 18-7 所示。点右键复制并重命名为"木材"，如图 18-8 所示。

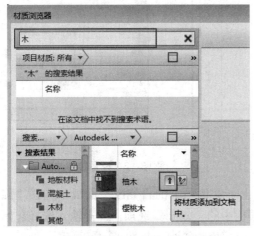

图 18-7　添加材质

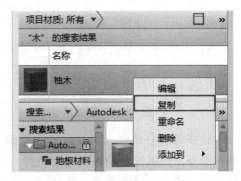

图 18-8　复制材质

点击"外观"选项卡中的"复制此资源"按钮，复制该资源，勾选"图形"选项卡中的"使用外观渲染"，如图 18-9、图 18-10 所示。

图 18-9 复制材质资源

图 18-10 使用渲染外观

在前立面视图中，将刚创建的拉伸边界设置为如图 18-11 所示。

在前立面视图中，按图 18-12 位置继续创建拉伸，"拉伸起点"设置为"0"、"拉伸终点"设置为"40"、"材质和装饰"中的"材质"设置为"木材"、"标识数据"中的"实心/空心"设置为"实心"。

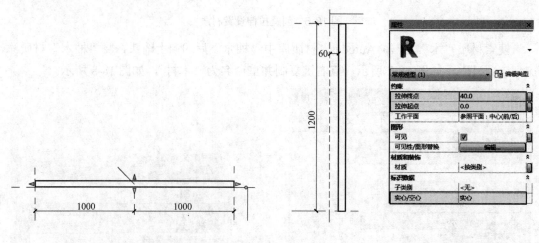

图 18-11 设置拉伸位置　　　　　　图 18-12 设置拉伸位置

选择绘制好的竖向栏杆，在"修改|拉伸"上下文选项卡的"修改"面板中选择"旋转"命令，拖拽选择中心到底部位置，勾选选项栏中的"复制"选项，点击输入选择起始线、单击输入选择结束线，拉伸相关位置完成横向扶栏的绘制。如图 18-13 所示。

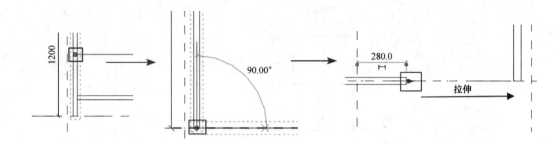

图 18-13　选择栏杆

通过复制、拉伸、镜像等工具完成剩余栏杆、扶栏的绘制，如图 18-14 所示。

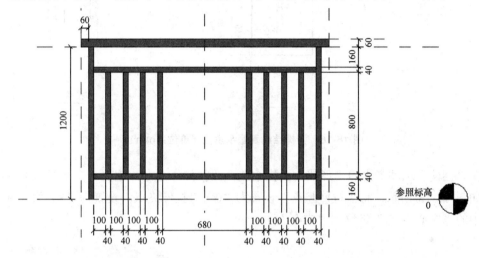

图 18-14　栏杆绘制

进入前立面视图，创建拉伸，"拉伸起点"设置为"10"、"拉伸终点"设置为"30"、"材质和装饰"中的"材质"设置为"玻璃"、勾选"使用渲染外观"，完成玻璃挡板的绘制。

组合栏杆完成的效果如图 18-15 所示，保存文件为"栏杆"。

18.1.3　卯榫结构

【真题 3】　创建图 18-16 中的卯榫结构，并建在一个模型中，将该模型以构件集保存，命名为"卯榫结构"，保存到考生文件夹中。（10 分，全国 BIM 技能等级考试一级第七期第三题）

图 18-15　组合栏杆完成模型

【解】　新建"族"，选择"公制常规模型"样本文件，点击"打开"。

在项目浏览器中，双击"楼层平面"中的"参照标高"进入参照标高视图。在"创建"选项卡的"基准"面板中选择"参照平面"命令，绘制如图 18-17 所示的四个参照平面。

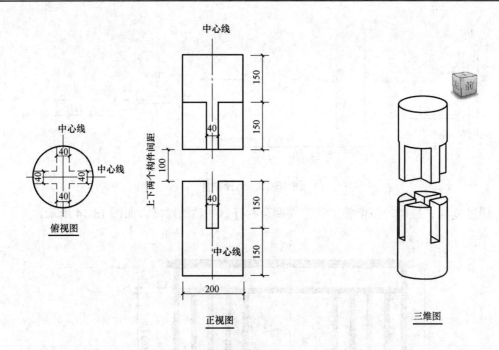

图 18-16　卯榫结构真题示意图（单位：mm）

在"创建"选项卡内的"形状"面板中选择"拉伸"命令，创建一个半径 100mm 的圆，如图 18-18 所示，将"拉伸起点"设置为"0"、"拉伸终点"设置为"300"、"标识数据"中的"实心/空心"设置为"实心"。

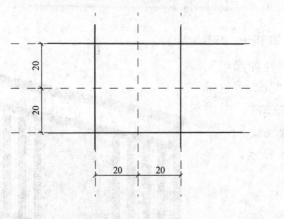

图 18-17　参照平面

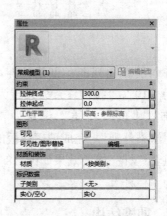

图 18-18　拉伸属性设置

在"创建"选项卡的"形状"面板中选择"拉伸"命令，创建如图 18-19 所示的图形，将"拉伸起点"设置为"150"、"拉伸终点"设置为"300"、"标识数据"中的"实心/空心"设置为"空心"，如图 18-20 所示。

在"创建"选项卡内的"形状"面板中选择"拉伸"命令，在参照标高视图上创建一个半径为 100mm 的圆，将"拉伸起点"设置为"400"、"拉伸终点"设置为"700"、"标识数据"中的"实心/空心"设置为"实心"。

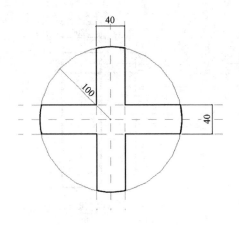

图 18-19　拉伸图形　　　　　　　　　　图 18-20　拉伸属性设置

在"创建"选项卡的"形状"面板中选择"拉伸"命令,在参照标高视图上创建如图 18-21 所示的图形,将"拉伸起点"设置为"400"、"拉伸终点"设置为"550"、"标识数据"中的"实心/空心"设置为"空心",如图 18-22 所示。

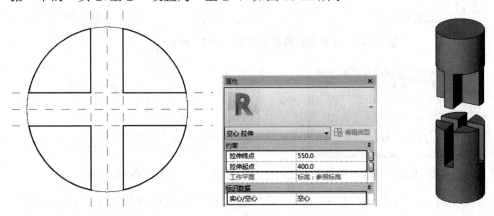

图 18-21　拉伸图形　　　　　图 18-22　拉伸属性设置　　　图 18-23　卯榫结构完成模型

完成的效果如图 18-23 所示,保存文件名为"卯榫结构"。

18.1.4　U 形墩柱

【真题 4】　根据图 18-24 中给定的数据,用构件集形式创建 U 形墩柱,整体材质为混凝土,请将模型以"U 形墩柱"为文件名保存到考生文件夹中。(20 分,全国 BIM 技能等级考试一级第八期第四题)

【解】　新建"族",选择"公制常规模型"样本文件,点击"打开"。

在项目浏览器中,双击"楼层平面"中的"参照标高"进入参照标高视图。

在状态栏中点击"视图比例",单击"自定义",将视图比例修改为 1∶150,如图 18-25 所示。

在"创建"选项卡内的"基准"面板中选择"参照平面"命令,在参照标高视图中绘制如图 18-26 所示的两个参照平面。

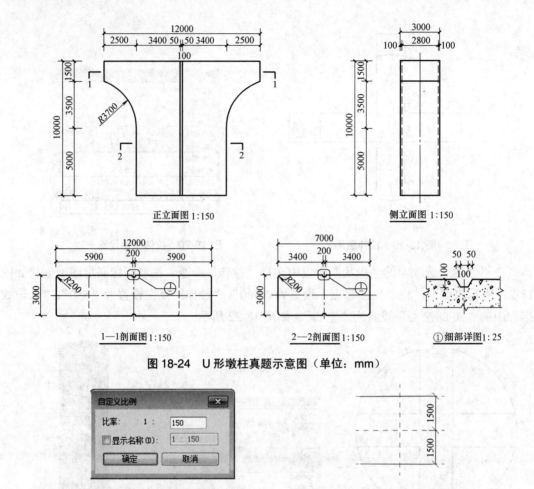

图 18-24　U 形墩柱真题示意图（单位：mm）

图 18-25　修改视图比例　　　　图 18-26　绘制参照标高参照平面

　　在项目浏览器中，双击"立面（立面 1）"中的"前"进入前立面视图。在"创建"选项卡内的"基准"面板中选择"参照平面"命令，绘制如图 18-27 所示的参照平面。

　　在"创建"选项卡内的"形状"面板中选择"拉伸"命令，利用线、起点—终点—半径弧、镜像等命令绘制如图 18-28 所示的拉伸形状。将"拉伸起点"设置为"-1500"、

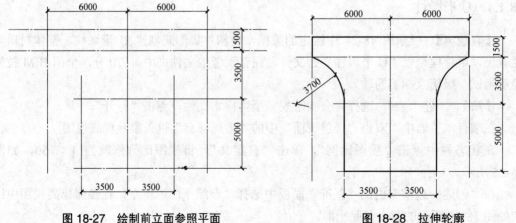

图 18-27　绘制前立面参照平面　　　　　　图 18-28　拉伸轮廓

"拉伸终点"设置为"1500"、"标识数据"中的"实心/空心"设置为"实心"、"材质和装饰"中的"材质"设置为"混凝土"（具体操作详见 18.1.2 节）。

在项目浏览器中，双击"楼层平面"中的"参照标高"进入参照标高视图，按照图 18-29 所示绘制参照平面。

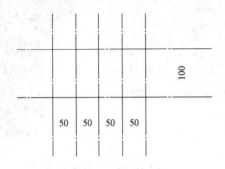

图 18-29　绘制参照平面

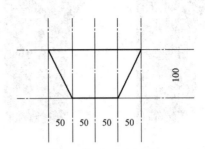

图 18-30　拉伸轮廓

在"创建"选项卡内的"形状"面板中选择"拉伸"命令，绘制如图 18-30 所示的拉伸形状。将"拉伸起点"设置为"0"、"拉伸终点"设置为"10000"、"标识数据"中的"实心/空心"设置为"实心"。

进入参照标高视图，将刚绘制好的实心拉伸进行镜像，如图 18-31 所示。

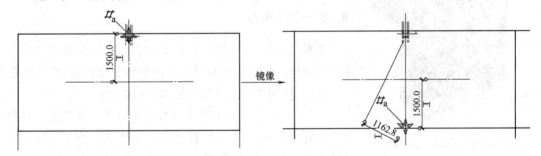

图 18-31　镜像实心拉伸

选中刚绘制完成的两个实心拉伸，将其改为"空心"，使用"修改"选项卡内"几何图形"面板中的"剪切几何图形"命令，将其剪切。

通过空心放样功能生成题目所需的倒角。在"创建"选项卡内的"形状"面板中选择"放样"命令，在"修改|放样"上下文选项卡内的"放样"面板中选择"拾取路线"命令，如图 18-32 所示。

图 18-32　放样拾取路径

按照图 18-33 所示拾取放样路径。

点击"编辑轮廓"命令，绘制如图 18-34 的放样轮廓，完成放样操作，并将该放样由"实心"改为"空心"。

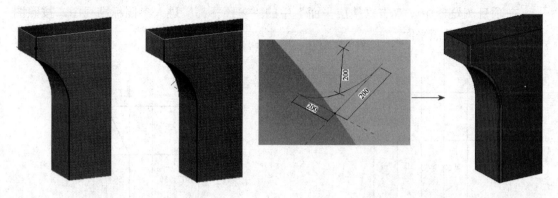

图 18-33　拾取放样路径　　　　　　　　　　图 18-34　放样轮廓

图 18-35　U 形墩柱完成模型

将该空心放样通过镜像的方式复制到其他四个角，通过"剪切几何图形"命令，将其剪切，完成模型创建。

U 形墩柱完成后的效果如图 18-35 所示，将模型以"U 形墩柱"为文件名保存到考生文件夹中。

18.1.5　百叶窗族

【真题 5】 根据图 18-36 给定的尺寸标注建立"百叶窗"构建集。（全国 BIM 技能等级考试一级第二期第四题）

（1）按图中的尺寸建立模型。（10 分）

（2）所有参数采用图中参数名字命名，设置为类型参数，扇叶个数可以通过参数控制，并对窗框和百叶窗百叶赋予合适材质，请将模型文件以"百叶窗"为文件名保到考生文件夹中。（8 分）

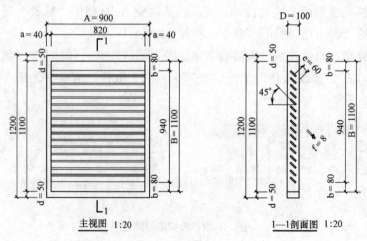

图 18-36　百叶窗族真题示意图（单位：mm）

（3）将完成的"百叶窗"载入项目中，插入任意墙面中示意。（2分）

【解】 新建"族"，选择"基于墙的公制常规模型"样本文件，点击"打开"。

在项目浏览器中，双击"立面（立面 1）"中的"放置边"进入相应视图。在"创建"选项卡内"属性"面板的"族类别和族参数"中修改族的类型为"窗"。在"创建"选项卡内单击"模型"面板中的"洞口"命令，通过矩形绘制洞口，调整尺寸为 900mm×1100mm，并调整其位于居中与下边缘对齐，如图 18-37 所示。

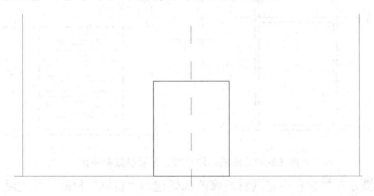

图 18-37 绘制洞口

对洞口的宽和高进行标注，其中宽度还需用"EQ"功能实现均分标注。选择相应的标注，在"标签尺寸标注"面板中单击"创建参数"按钮，创建洞口宽的类型参数名称为"A"，洞口高的类型参数名称为"B"，如图 18-38 所示。采用"对齐"命令将洞口下边缘与墙体下边缘对齐，并将洞口下边缘锁定，保证其不移动，单击"完成编辑模式"，完成洞口创建。

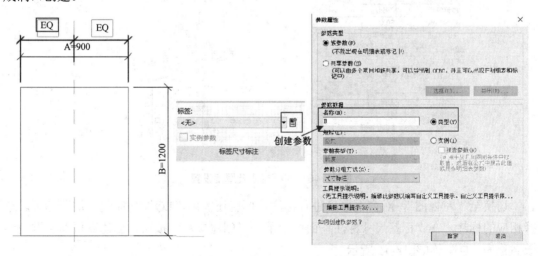

图 18-38 洞口标注尺寸、设置参数及锁定

进行窗框的创建，在"创建"选项卡内单击"形状"面板中的"拉伸"命令，通过矩形绘制窗框外边缘，通过带偏移量的矩形及尺寸调整绘制窗框内边缘。对窗框内外边缘、窗框宽度进行标注，其中宽度还需用"EQ"功能进行均分标注。选择相应的标注，在

"标签尺寸标注"面板中单击"创建参数"按钮，创建类型参数：A=900、B=1100、a=40、d=50，如图 18-39 所示。采用"对齐"命令将窗框下边缘与墙体下边缘对齐，并将窗框下边缘锁定，保证其不移动。

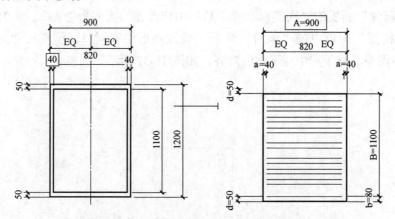

图 18-39　窗框标注尺寸、设置参数及锁定

按照题目要求在属性栏中将其材质修改成新建的"窗框"材质，外观赋予不锈钢的金属材质，并将拉伸起点设置为"50"，拉伸终点设置为"-50"。单击"完成编辑模式"，完成窗框创建，如图 18-40 所示。

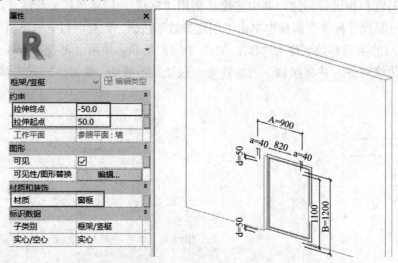

图 18-40　窗框材质及厚度设置

切换至"左视图"，对窗框厚度进行标注，厚度还需用"EQ"功能进行均分标注。选择相应的标注，在"标签尺寸标注"面板中单击"创建参数"按钮，创建窗框厚度类型参数名称为"D"，如图 18-41 所示。

图 18-41　窗框厚度类型参数设置

开始创建百叶，切换至"左视图"，在"创建"选项卡中单击"形状"面板内的"拉伸"命令，通过矩形、尺寸调整及旋转绘制百叶轮廓，将其中心移至与厚度中心线相交，切换至"放置边"视图，对百叶上边缘与窗框内边缘之间进行标注。选择相应的标注，在"标签尺寸标注"面板中单击"创建参数"按钮，创建类型参数：b=80、e=60、f=8。

按照题目要求在属性栏中将其材质修改成新建的"百叶"材质，外观赋予不锈钢的金属材质，并将拉伸起点设置为"410"，拉伸终点设置为"-410"。单击"完成编辑模式"，完成窗框创建，如图 18-42 所示。

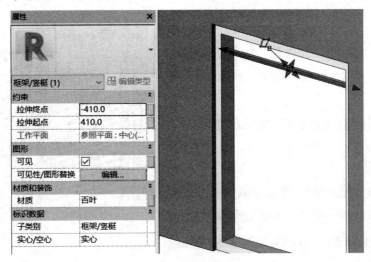

图 18-42 完成百叶模型建立

通过阵列绘制其他百叶，切换至"放置边"视图，在靠近窗框内边缘处绘制参照平面，并在其之间进行标注，选择相应的标注，在"标签尺寸标注"面板中选择 b=80，赋予其类型参数。选择绘制的百叶，使用阵列命令，项目数为 16，移动到选择"最后一个"，选取百叶中点拖拽至下端参照平面处，完成百叶整体模型的建立，如图 18-43 所示。

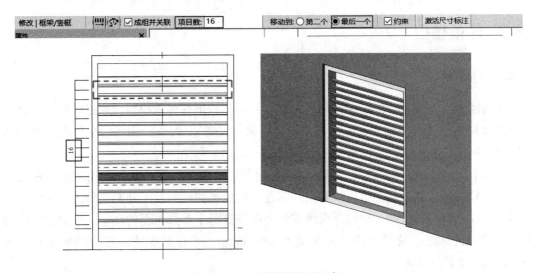

图 18-43 百叶整体模型的建立

采用"对齐"命令将百叶下边缘与参照平面对齐，并将百叶下边缘锁定，保证其不移动。接下来对百叶个数进行赋予类型参数，选择绘制完成的百叶，然后选择左侧阵列的标注，在选项栏上的"标签"处选择"添加参数"，将名称命名为"n"。在"创建"选项卡内的"属性"面板中选择"族类型"，在弹出的"族类型"对话框内对 n 赋予公式，即 n=（B−2·b）/59，其中 59 表示相邻百叶的间距，由 960 除以 16 减去 1 得到，对洞口的类型参数"高度"赋予公式，即"高度=B+2·d"。可以尝试通过对 B 值进行变化，检验百叶数是否变化，如图 18-44 所示。

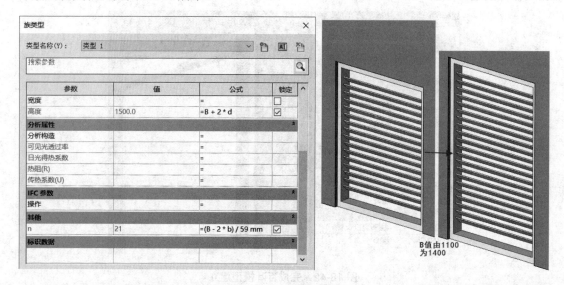

图 18-44　百叶类型参数设置

打开应用程序选项，选择"建筑样板"新建项目，在平面视图中建立一段墙。使用"CTRL+TAB"快捷键切换回百叶模型，在"修改"选项卡中点击"载入到项目"，将百叶模型插入到墙中，最终以"百叶窗"命名保存文件。

18.2　体量模型

18.2.1　体量模型体积

【真题 6】 根据图 18-45 中给定的投影尺寸，创建形体体量模型，通过软件自动计算该模型体积，该模型体积为（）立方米，请将模型文件以"体量.rvt"为文件名保存到考生文件夹中。（10 分，全国 BIM 技能等级考试一级第一期第一题）

【解】 本题主要考查的是在概念体量里利用融合创建体量形状，利用测量体积考察体量载入项目的方法。从图纸可以看出，本题利用底部的椭圆及上部的圆形进行融合（可参照 17.3.2 节相关内容），通过正面图或侧面图确定两个参照平面的高度，平面图确定圆形半径为 25000mm 及椭圆的长轴长度为 40000mm，通过侧面图确定椭圆短轴长度为15000mm，如图 18-46 所示。

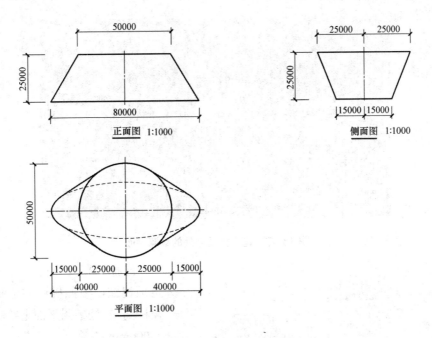

图 18-45　体量模型体积示意图（单位：mm）

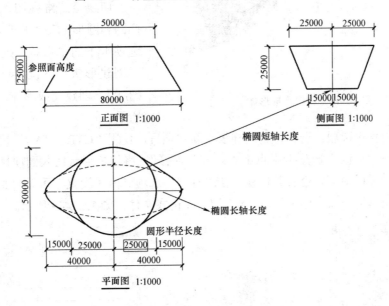

图 18-46　题目分析

新建概念体量模型，选择"公制体量"样板文件，选择标高 1 处参照平面，按住 Ctrl 键的同时，鼠标左键向上拖拽平面，复制出标高 2 的参照平面，在临时标注处输入"25000"，建立标高 2 处的参照平面，如图 18-47 所示。

选择标高 1 处参照平面，切换至顶视图，在"创建"选项卡内的"绘制"面板中选择模型线下的"椭圆"命令，以参照平面交点为基准，绘制长轴为 40000mm、短轴为 15000mm 的椭圆（注意此处需先绘制长轴，若先绘制短轴会得到不同的体量形状）。

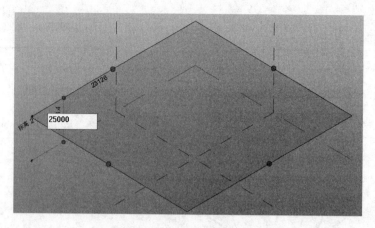

图 18-47　建立标高 2 处的参照平面

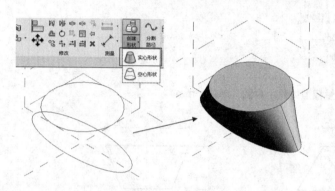

图 18-48　创建完成形体

选择标高 2 处参照平面，切换至顶视图，参照椭圆的绘制方法，在标高 2 处参照平面上绘制半径为 25000mm 的圆形。

切换至三维视图，选取绘制的椭圆和圆形，在"修改|线"上下文选项卡下的"形状"面板中，选择"创建形状"下拉菜单中的"实心形状"，创建完成形体。如图 18-48 所示。

打开应用程序选项，选择"建筑样板"新建项目，使用"CTRL+TAB"快捷键切换回体量模型，在"修改"选项卡中点击"载入到项目"，将体量形状载入到项目中，选取体量模型，在属性栏中可以查看其体积，在"管理"选项卡内"设置"面板中的"项目单位"中确认其体积单位，以"体量"命名保存为.rvt 格式文件，如图 18-49 所示。

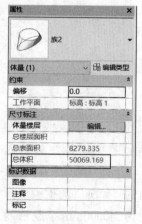

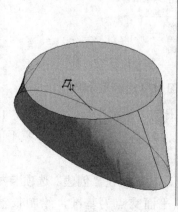

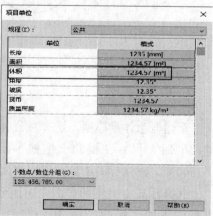

图 18-49　查看体积及保存

在上述绘制图形中，若先绘制椭圆的短轴，后绘制长轴，得到的体量模型与原模型有所区别，主要原因是先绘制短轴，会以短轴端点为融合点与圆形融合，如图 18-50 所示。

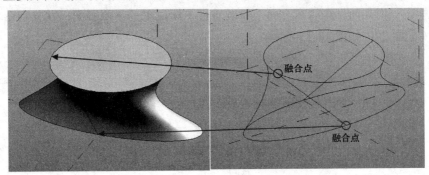

图 18-50　先绘制短轴生成的体量模型

18.2.2　斜墙

【真题 7】　请用体量面墙建立图 18-51 所示 200mm 厚的斜墙，并按图中尺寸在墙面开一个圆形洞口，计算开洞后墙体的体积和面积。请将模型以"斜墙"为文件名保存到考生文件夹中。（10 分，全国 BIM 技能等级考试一级第二期第一题）

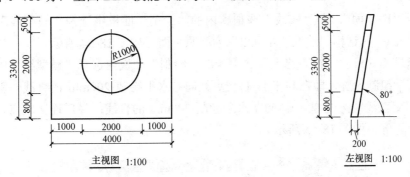

图 18-51　斜墙真题示意图（单位：mm）

【解】　因本题需要计算体积和面积，所以采用内建体量进行创建，需要注意的是相关尺寸都与斜墙不是垂直的，而是与竖向面垂直的，绘制图形时需要注意参照平面的选取，如图 18-52 所示。

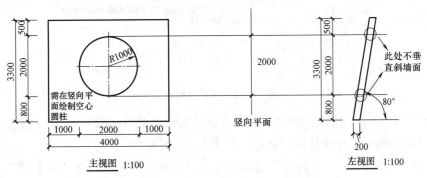

图 18-52　题目分析

新建项目，切换至"南立面"，将标高 2 高度改为 3.3m，在"体量与场地"选项卡的"概念体量"面板中选择"内建体量"，弹出"名称"对话框，点击"确定"进入内建体量编辑器。在"南立面"和"东立面"绘制垂直于标高 1 的参照平面，并分别命名为"平面 1"和"平面 2"，如图 18-53 所示。

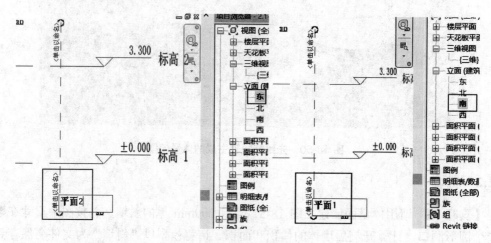

图 18-53 绘制参照平面

切换至"南立面"，在"修改"选项卡内的"绘制"面板中选择"模型线"命令，弹出"工作平面"对话框，选取"平面 2"为参照平面，如图 18-54 所示。

根据题目相关尺寸，在"修改"选项卡的"绘制"面板内选择"模型线"中的"直线"命令，逆时针绘制轮廓，即在与平面 1 交点处向右水平绘制 200mm 的直线；斜向上绘制与标高 2 相交直线（角度 80°）；向左水平绘制 200mm 的直线；最后连接起点，绘制完成斜墙的侧面轮廓，如图 18-55 所示。

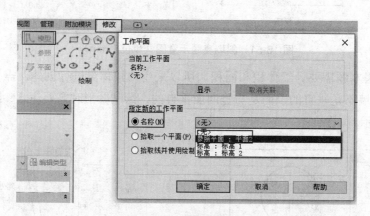

图 18-54 选择参照平面

选择绘制的轮廓，点击"创建形状"中的"实心形状"，切换至三维视图，将墙底端尺寸修改为 4000mm，完成斜墙的创建，如图 18-56 所示。

切换至"西立面"，在"修改"选项卡内的"绘制"面板中选择"模型线"命令，弹出"工作平面"对话框，选取"平面 1"为参照平面，按题目相关尺寸绘制参照线确定圆形位置，并绘制半径为 1000mm 的圆。

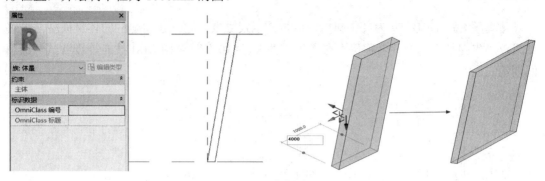

图 18-55 绘制侧面轮廓　　　　　　　图 18-56 斜墙的绘制

切换至三维视图，选择圆形，点击"创建形状"中的"空心形状"，适当地拖拽空心形状，完成斜墙上孔洞的创建，如图 18-57 所示。点击"完成体量"，完成斜墙的绘制。

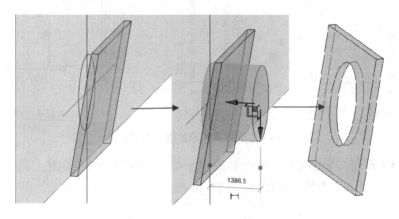

图 18-57 斜墙上孔洞的绘制

选择"建筑"选项卡内"构建"面板中"墙"的下拉菜单，选择"面墙"命令，在"绘制"面板上选择"拾取面"命令，选择绘制的斜墙面完成基本墙的转变，选择转换后的基本墙，可以在属性栏中查看其体积和面积，如图 18-58 所示。以"斜墙"为文件名进行保存。

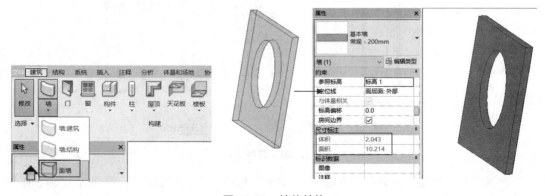

图 18-58 墙体转换

18.2.3 牛腿柱

【真题 8】 图 18-59 为某牛腿柱，请按图示尺寸要求建立该牛腿柱的体量模型，最终结果以"牛腿柱"为文件名称保存在考生文件夹。（10 分，全国 BIM 技能等级考试一级第四期第三题）

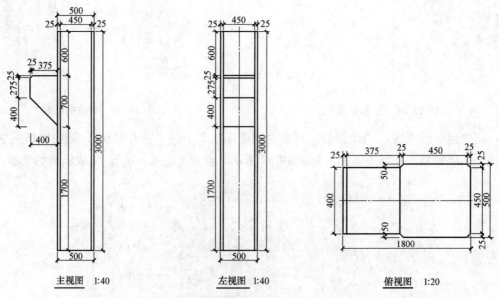

图 18-59 牛腿柱真题示意图（单位：mm）

【解】 本题通过分别拉伸牛腿主体及突出部分形成最终的牛腿柱，需要注意的是细部尺寸的准确性，以及相关绘图技巧，如图 18-60 所示。

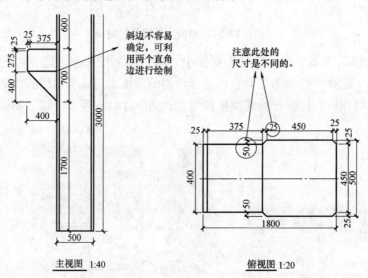

图 18-60 题目分析

选择"公制体量"新建概念体量，切换至"标高 1"，利用偏移、剪切等命令绘制牛腿柱主体部分的轮廓。

选择绘制完成的轮廓,点击"创建形状"中的"实心形状",切换至"南立面"调整尺寸,绘制完成高 3000mm 的牛腿柱主体部分,如图 18-61 所示。

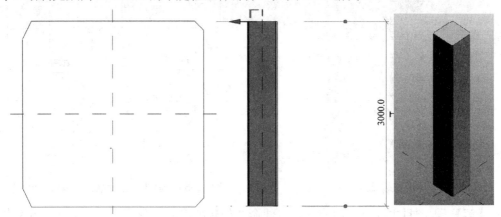

图 18-61 绘制牛腿柱主体部分

切换至"南立面",根据题目相关尺寸绘制牛腿柱突出部分轮廓。

选择绘制完成的轮廓,点击"创建形状"中的"实心形状",切换至三维视图,以角点为对齐点,以下表面为对齐基准,完成牛腿柱突出部分的绘制,如图 18-62 所示。

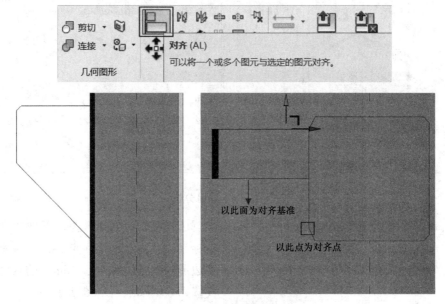

图 18-62 绘制牛腿柱突出部分

切换至三维视图,最终效果图如 18-63 所示,以"牛腿柱"为文件名进行保存。

18.2.4 螺母

【真题 9】 创建图 18-64 中的螺母模型,螺母孔的直径为 20mm,正六边形边长为 18mm,各边距孔中心 16mm,螺母高 20mm,请将模型以"螺母"为文件名保存到考生文件夹中。(10 分,全国 BIM 技能等级考试一级第六期第三题)

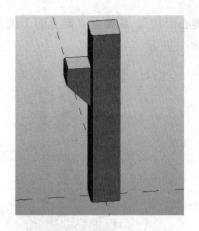

图 18-63　牛腿柱最终效果

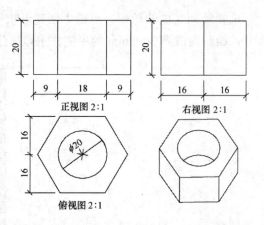

图 18-64　螺母真题示意图（单位：mm）

【解】　本题目主要是利用族中的拉伸命令创建螺母，区分利用内接多边形和外接多边形绘制六边形的不同做法，其中内接多边形需通过俯视图确定顶点与中心之间的距离为 18mm；外接多边形需通过俯视图确定各边与中心之间的距离为 16mm，如图 18-65 所示。

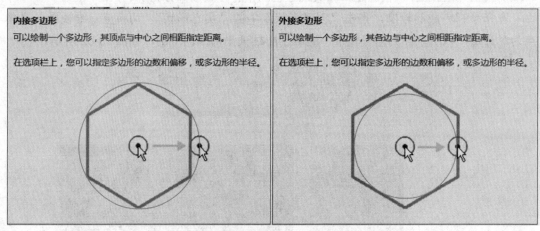

图 18-65　题目分析

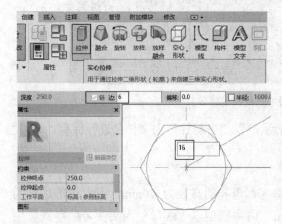

图 18-66　利用外接多边形绘制六边形

选择"公制常规模型"新建族，切换至"标高 1"，选择"拉伸"命令，利用外接多边形绘制各边距中心 16mm 的六边形（边设置为 6），如图 18-66 所示。

再绘制半径为 10mm 的圆形，在属性栏中设置拉伸终点为 20mm，点击"完成编辑模式"，生成螺母模型，如图 18-67 所示。以"螺母"为文件名进行保存。

18.2.5　仿央视大厦

【真题 10】　用体量模型创建图 18-68

中的"仿央视大厦"模型，请将模型以"仿央视大厦"为文件名保存到考生文件夹中。
（10 分，全国 BIM 技能等级考试一级第七期第四题）

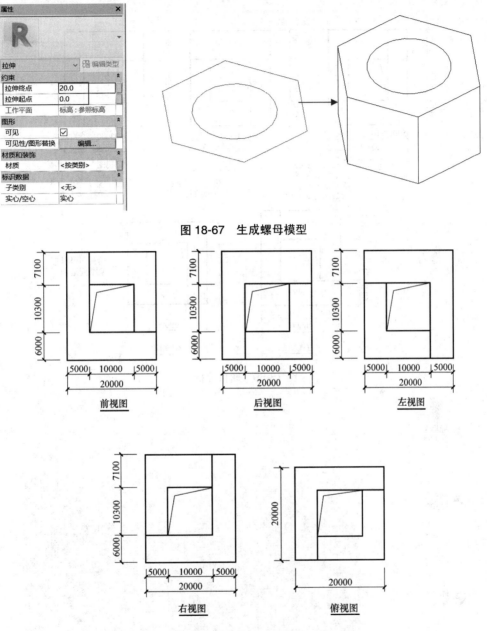

图 18-67　生成螺母模型

图 18-68　仿央视大厦真题示意图（单位：mm）

【解】　本题主要考查的是利用拉伸创建实心体量，利用体量的空心拉伸在实心体量
中进行剪切，形成需要的体量模型。通过前视图，可以确定各标高之间的间距为 6000mm、
10300mm 及 7100mm；通过前视图和右视图，可以确定前方空心体量的尺寸；通过后视图
和左视图，可以确定后方空心体量的尺寸，如图 18-69 所示。

新建概念体量模型，选择"公制体量"样板文件，选择标高 1 处参照平面，按住 Ctrl

键的同时，鼠标左键向上拖拽平面，复制出标高 2、标高 3 及标高 4 的参照平面，间隔分别为 6000mm、10300mm 和 7100mm，如图 18-70 所示。

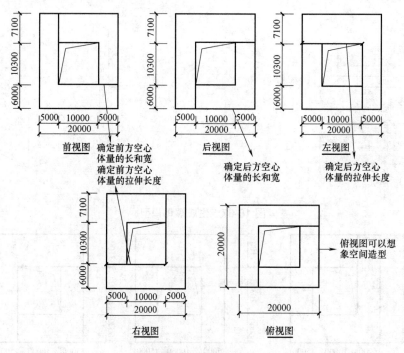

图 18-69　题目分析

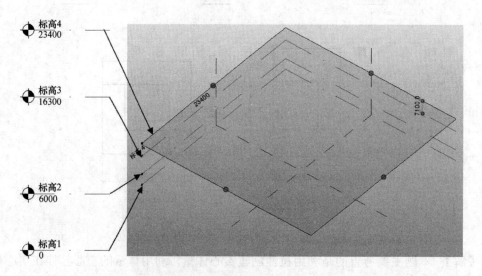

图 18-70　建立参照平面

切换至"标高 1"，绘制 20000mm×20000mm 的正方形，选择绘制的正方形，选择"创建形状"中的"实心形状"，如图 18-71 所示。

切换至"南立面"修改高度为 23400mm，完成体量的创建，如图 18-72 所示。

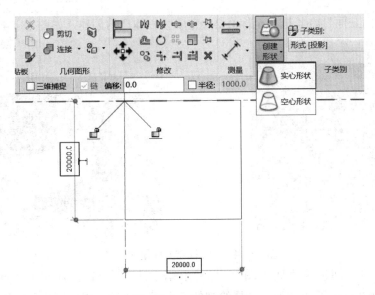

图 18-71 绘制正方形

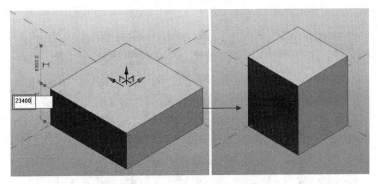

图 18-72 实心体量的创建

选择标高 4，切换至"俯视图"（保持上北下南方向），从右下角向左上角绘制 15000mm×15000mm 的正方形，选择绘制的正方形，选择"创建形状"中的"空心形状"，如图 18-73 所示。

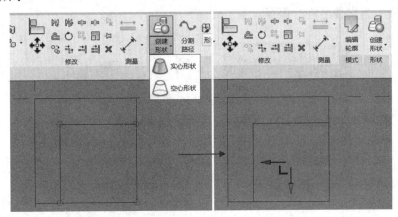

图 18-73 南立面创建空心形状

切换至"南立面"将其拖拽至标高 2，完成空心体量的创建，如图 18-74 所示。

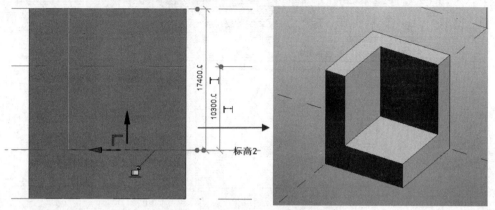

图 18-74 南立面空心体量的创建

选择标高 1，切换至"底视图"（保持上南下北的方向），从左下角向右上角绘制 15000mm×15000mm 的正方形，选择绘制的正方形，选择"创建形状"中的"空心形状"，如图 18-75 所示。

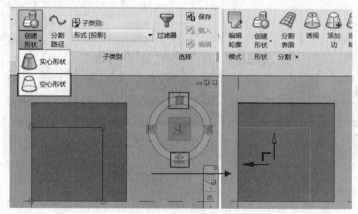

图 18-75 北立面创建空心形状

切换至"北立面"将其拖拽至标高 3，完成最终体量的创建，如图 18-76 所示。以"仿央视大厦"为文件名进行保存。

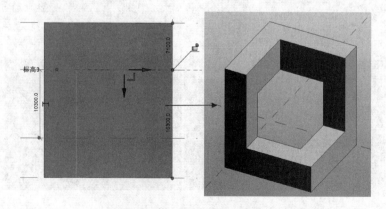

图 18-76 整体体量的创建

18.2.6 体量模型

【真题 11】 根据图 18-77 中的给定数据，用体量方式创建模型，请将模型以"体量模型"为文件名保存到考生文件夹中。（20 分，全国 BIM 技能等级考试一级第八期第三题）

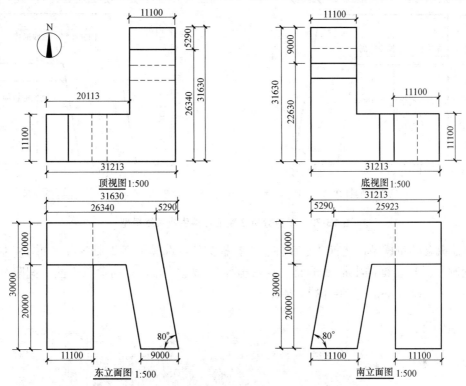

图 18-77 体量模型真题示意图（单位：mm）

【解】 本题主要考查的内容有：利用融合命令将两个 L 形图形进行融合，生成主体体量模型，利用体量的空心拉伸在实心体量中进行剪切，形成需要的体量模型。

通过顶视图及东、南立面可以看出，本体量模型的主体体量模型由两个 L 形图形通过融合生成，如图 18-78 所示。

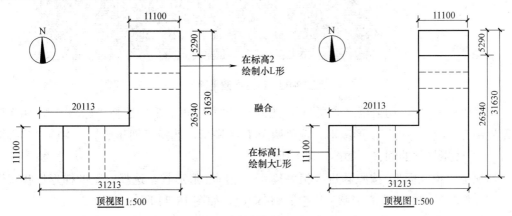

图 18-78 题目分析 1-融合建立主体模型

通过东、南立面可以看出，利用梯形空心形状对主体体量模型进行剪切，生成所需的体量模型，如图 18-79 所示。

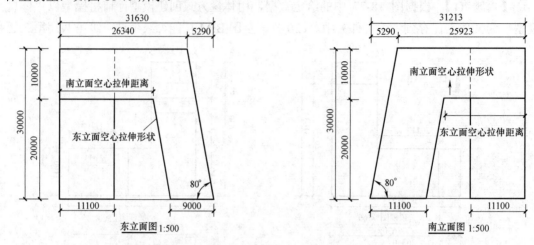

图 18-79 题目分析 2-空心拉伸生成最终模型

新建概念体量模型，选择"公制体量"样板文件，选择标高 1 处参照平面，按住 Ctrl 键的同时，鼠标左键向上拖拽平面，复制出标高 2 及标高 3 的参照平面，间隔分别为 20000mm 和 10000mm，如图 18-80 所示。

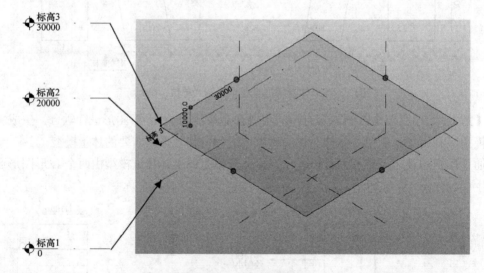

图 18-80 建立参照平面

选择"标高 1"，切换至"俯视图"，绘制底部的 L 形图形；选择"标高 3"，切换至"俯视图"，绘制顶部的 L 形图形。选取两个 L 形图形，选择"创建形状"中的"实心形状"，完成体量模型的创建，如图 18-81 所示。

切换至"南立面"，按照题目中相关尺寸，绘制梯形形状。选择绘制的梯形形状，选择"创建形状"中的"空心形状"，完成体量创建，如图 18-82 所示。

切换至"东立面"进行调整，使空心体量能剪切到位，如图 18-83 所示。

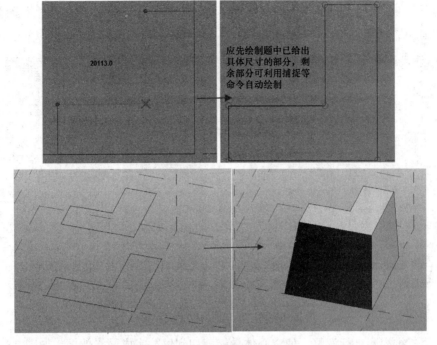

图 18-81　主体体量模型创建

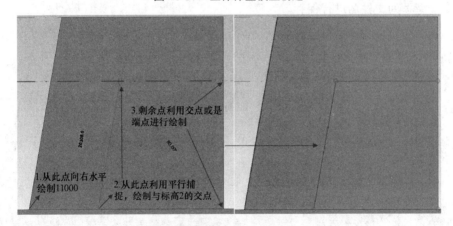

图 18-82　南立面创建空心形状

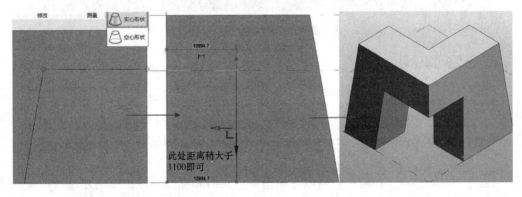

图 18-83　南立面空心体量模型创建

切换至"东立面",按照题目相关尺寸,在东立面绘制部分梯形形状。选择绘制的梯形形状,选择"创建形状"中的"空心形状",完成体量模型的创建,如图 18-84 所示。

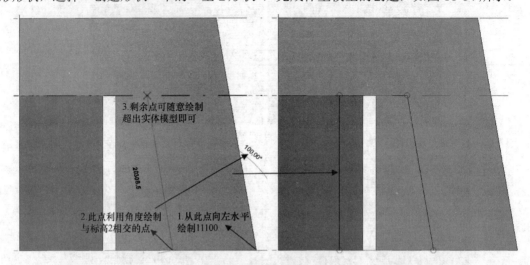

图 18-84　东立面创建空心形状

切换至三维视图进行调整,使空心体量能剪切到位,完成最终效果,如图 18-85 所示。以"体量模型"为文件名进行保存。

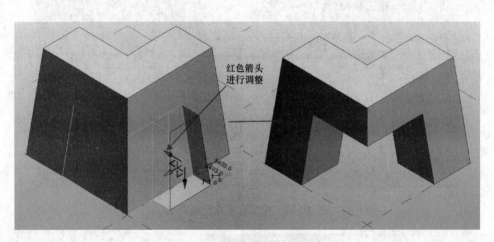

图 18-85　整体体量模型创建

18.2.7　创建建筑形体

【真题 12】　根据图 18-86 中的给定数值创建体量模型,包括幕墙、楼板和屋顶,其中幕墙网格为 1500mm×3000mm,屋顶厚度为 125mm,楼板厚度为 150mm,请将模型以"建筑形体"为文件名保存到考生文件夹中。(20 分,全国 BIM 技能等级考试一级第九期第三题)

【解】　本题主要考查的是利用内建模型中的实心和空心拉伸命令创建建筑体量,并通过不同区域赋予不同属性来构建建筑形体等内容,题目的分析过程如图 18-87 所示。

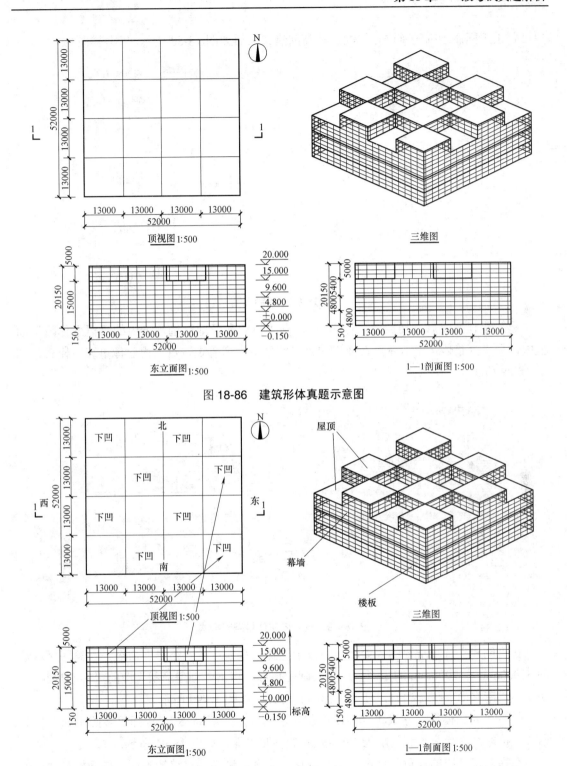

图 18-86 建筑形体真题示意图

图 18-87 试题分析

新建项目，因后期需创建面楼板，面楼板需在体量楼层上创建，而体量楼层是依据标高生成的，所以先切换至"南立面"创建标高，本题中标高-0.15m 不需要创建，为楼板厚度，采用标高绘制工具进行绘制，标高创建完成后如图 18-88 所示。

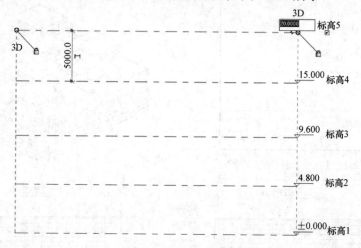

图 18-88　绘制标高

标高绘制完成后，切换至"标高 1"，在"体量和场地"选项卡内的"概念体量"面板中选择"内建体量"命令，在弹出的"名称"中点击确定，进入内建体量编辑模式，如图 18-89 所示。

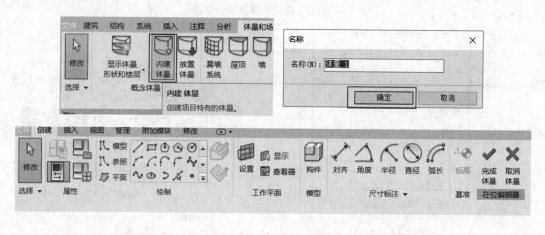

图 18-89　进入内建体量编辑模式

在"创建"选项卡内的"绘制"面板中选择模型线中的"矩形"命令，在绘图区域绘制 52000mm×52000mm 的矩形，选择绘制的矩形，点击"创建形状"中的"实心形状"，切换至"南立面"进行调整，使其与标高 5 对齐，如图 18-90 所示。

单击"完成体量"完成主体体量的创建，切换至"标高 5"，选择"参照平面"工具，通过"拾取线"命令绘制间隔为 13000mm 的参照平面，如图 18-91 所示。

选择创建完成的体量，单击"在位编辑"命令，进入体量编辑模式，选择模型线中的"矩形"工具，在右下角绘制 13000mm×13000mm 的矩形，选择绘制的矩形，点击"创建形状"中的"空心形状"，切换至"东立面"进行调整，使其与"标高 4"对齐，如图 18-92 所示。

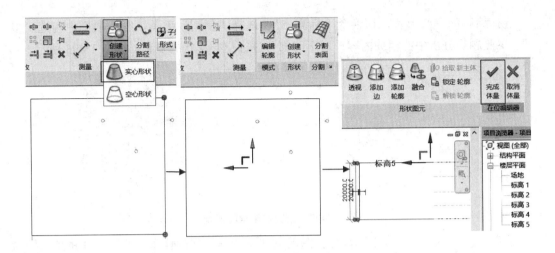

图 18-90 创建主体内建体量

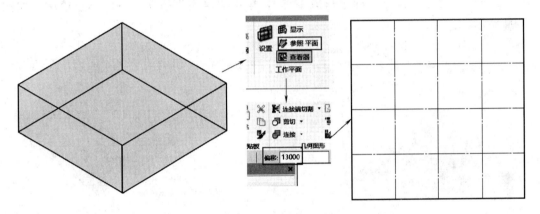

图 18-91 绘制参照平面

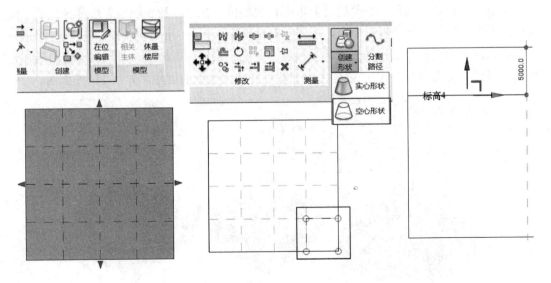

图 18-92 绘制空心形状

选择绘制的空心形状，切换至"标高 5"，选择"复制"工具，在选项栏中勾选"多个"，参照题目分析中的相关内容，对下凹部分进行空心形状的复制，如图 18-93 所示。

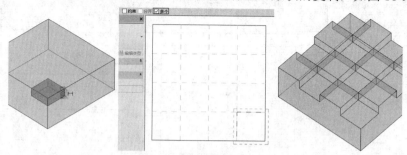

图 18-93　绘制剩余空心形状

单击"完成体量"完成下凹部分体量的创建，选择创建的体量，选择"体量楼层"命令，在弹出的"体量楼层"对话框中勾选多个标高（此处可以用 shift 键在文字部分先多选，然后再勾选一个方框，即可形成多选），单击"确定"按钮，生成体量楼层，如图 18-94 所示。

图 18-94　创建体量楼层

体量楼层创建完成后，按照题目要求创建面楼板。在"体量和场地"选项卡内的"面模型"面板中选择"面楼板"命令，在属性对话框中选择 150mm 厚的常规楼板，用鼠标左键选择标高 1 至标高 3 上的三个体量楼层（若选择错误体量楼层，可再次点击错选体量楼层，即可实现清除），点击"创建楼板"即可完成面楼板的创建，如图 18-95 所示。

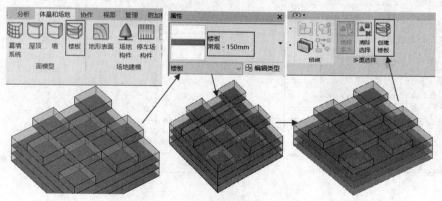

图 18-95　体量楼层上创建面楼板

　　面楼板创建完成后，若想检验是否创建成功，可左键选取创建的面楼板，在属性对话框中查看是否有楼板的相关属性，若有则代表创建成功，如图 18-96 所示。

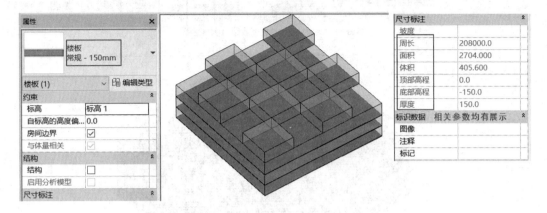

图 18-96　检验面楼板是否创建成功

　　面楼板创建完成后，按照题目要求创建面幕墙系统。在"体量和场地"选项卡内的"面模型"面板中选择"面幕墙系统"命令，在属性对话框中选择"1500×3000mm"的幕墙系统，用鼠标左键从右下到左上用选择框选择全部图元，切换视角，用鼠标左键将屋面部分清除（下凹 8 个，上凸 8 个），如图 18-97 所示。

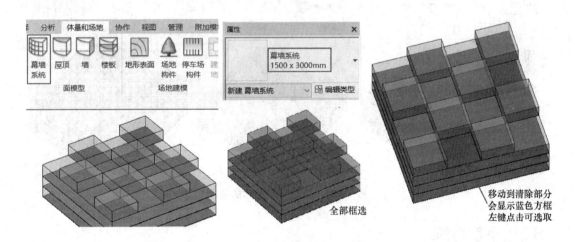

图 18-97　选择创建面幕墙系统区域

　　点击"创建系统"，即可完成面幕墙系统的创建，系统此时会运行分析，稍后将显示创建完成面幕墙系统的体量模型，如图 18-98 所示。

　　面幕墙系统创建完成后，按照题目要求创建面屋顶。在"体量和场地"选项卡内的"面模型"面板中选择"面屋顶"命令，在属性对话框中选择 125mm 厚的基本屋顶，用鼠标左键选择需要生成面屋顶的部分（下凹 8 个，上凸 8 个），点击"创建屋顶"完成面屋顶的创建，如图 18-99 所示。以"建筑形体"为文件名进行保存。

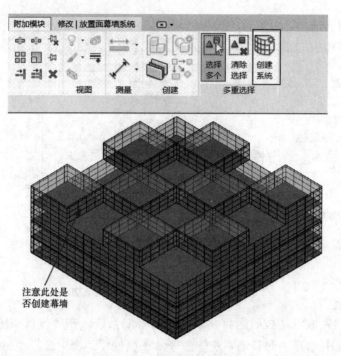

注意此处是
否创建幕墙

图 18-98　创建面幕墙系统

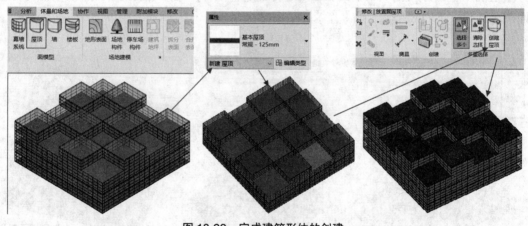

图 18-99　完成建筑形体的创建

18.3　小型建筑

【真题 13】　根据以下要求和图 18-100～图 18-105 给出的图纸，创建模型并将结果输出。在考生文件夹下新建名为"第五题输出结果"的文件夹，将结果文件保存在该文件夹中。（40 分，全国 BIM 技能等级考试一级第十期第五题）

（1）BIM 建模环境设置（2 分）

设置项目信息：①项目发布日期：2017 年 5 月 1 日；②项目编号：2016001-1

（2）BIM 参数化建模（23 分）

1）根据给出的图纸创建标高、轴网、建筑形体，包括墙、门、窗、柱、屋顶、楼板、楼梯、洞口，其中，要求门窗尺寸、位置、标记名称正确，参数信息见门窗表 18-2 和表 18-3。未标明的尺寸与样式不作要求。（15 分）

2）主要的建筑构件的参数要求如下：（8 分）

主要建筑构件参数要求　　　　　　　　　表 18-1

300 外墙	5 厚外墙面砖	200 厚大理石地板	20 厚大理石地板
	5 厚玻璃纤维布		10 厚水泥砂浆
	20 厚聚苯乙烯保温板		150 厚混凝土
	10 厚水泥砂浆		20 厚水泥砂浆
200 内墙	250 厚水泥空心砌块	结构柱	300×400
	10 厚水泥砂浆		
	10 厚水泥砂浆		
	180 厚水泥空心砌块		
	10 厚水泥砂浆		
100 内墙	10 厚水泥砂浆	屋顶	厚度：150mm
	80 厚水泥空心砌块		超出轴线 600mm
	10 厚水泥砂浆		坡度见图 18-103

（3）创建图纸（13 分）

1）创建门窗表，要求包含类型标记、宽度、高度、底高度、合计，并计算总数。（4 分）

2）建立 A4 尺寸图纸，创建"1-1 剖面图"，样式要求（尺寸标注；视图比例：1∶100；图纸命名：1-1 剖面图；楼板截面填充图案：实心填充；高程标注；轴头显示样式：在底部显示）与试卷一致。（9 分）

（4）模型文件管理（2 分）

1）用"住宅"为项目文件命名，并保存项目文件。（1 分）

2）将创建的"1-1 剖面图"图纸导出为 AutoCAD 的 DWG 文件，命名为"1-1 剖面图"。（1 分）

窗明细表　　　　　　　　　表 18-2

类型标记	宽度	高度	底高度	合计
C1	1500	1800	900	8
C2	1200	1800	900	6
C3	1800	1800	900	6
C4	900	1500	1200	2
C5	1200	1200	1200	6

总计：28

门明细表			表 18-3
类型标记	高度	宽度	合计
M1	2100	800	14
M2	2100	1200	2
M3	2100	900	2
M4	2100	700	2
TLM1	2100	1800	2

总计：22

各图纸及题目分析具体如下：

1. 一层平面图（如图 18-100 所示）

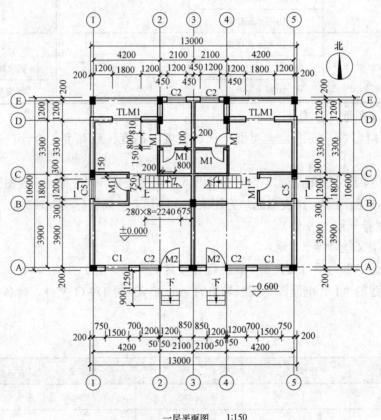

一层平面图　　1:150

图 18-100　一层平面图

一层平面图中可以得到的信息有：

（1）一层轴网的标号、尺寸及轴网样式；

（2）墙体的定位、与轴线的相对关系以及墙体类型；

（3）柱子的定位、与轴线的相对关系；

（4）窗的平面定位、数量及类型；

（5）门的平面定位、数量及类型；

（6）楼梯的定位、踏步宽度、休息平台宽度等；

（7）洞口（楼梯）的定位；

（8）室外坡道及踏步的定位。

2. 二层平面图（如图 18-101 所示）

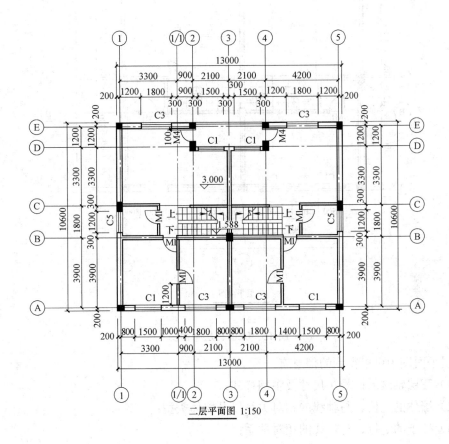

二层平面图 1:150

图 18-101　二层平面图

二层平面图中可以得到的信息有：

（1）二层轴网的标号、尺寸及轴网样式；

（2）墙体的定位、与轴线的相对关系以及墙体类型；

（3）柱子的定位、与轴线的相对关系；

（4）窗的平面定位、数量及类型；

（5）门的平面定位、数量及类型；

（6）楼梯的定位等；

（7）洞口（楼梯）的定位。

3. 三层平面图（如图 18-102 所示）

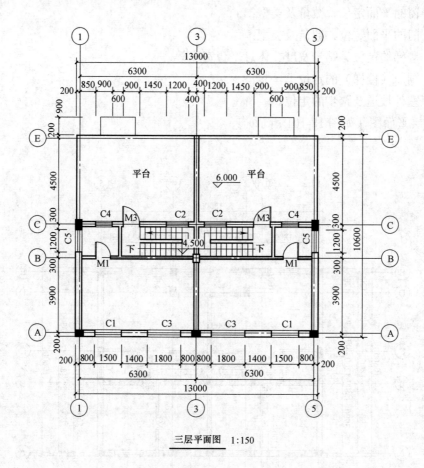

图 18-102 三层平面图

三层平面图中可以得到的信息有：

（1）三层轴网的标号、尺寸及轴网样式；

（2）墙体的定位、与轴线的相对关系以及墙体类型；

（3）柱子的定位、与轴线的相对关系；

（4）窗的平面定位、数量及类型；

（5）门的平面定位、数量及类型；

（6）楼梯的定位等；

（7）洞口（楼梯）的定位；

（8）雨棚定位。

4.屋顶平面图（如图 18-103 所示）

屋顶平面图中可以得到的信息有：

（1）屋顶轴网的标号、尺寸及轴网样式；

（2）屋顶定位及坡度；

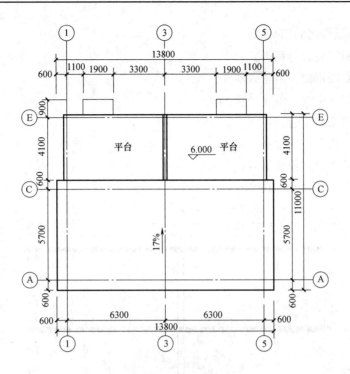

屋顶平面图 1:150

图 18-103　屋顶平面图

5. 立面图（如图 18-104 所示）

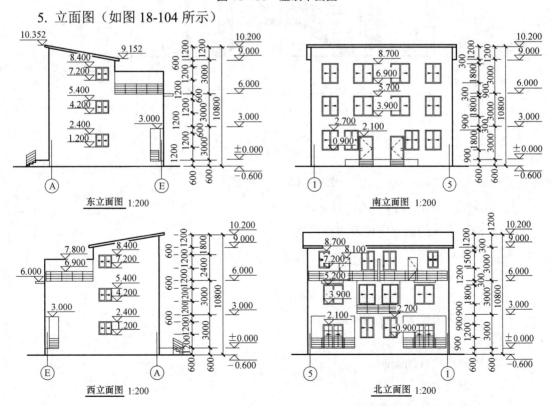

东立面图 1:200　南立面图 1:200

西立面图 1:200　北立面图 1:200

图 18-104　立面图

立面图中可以得到的信息有：

（1）各层的标高、标高样式；

（2）窗的立面定位、数量及类型；

（3）门的立面定位、数量及类型；

（4）栏杆的立面定位；

（5）室外台阶立面定位；

（6）屋顶的立面定位及形式。

6. 1-1 剖面图（如图 18-105 所示）

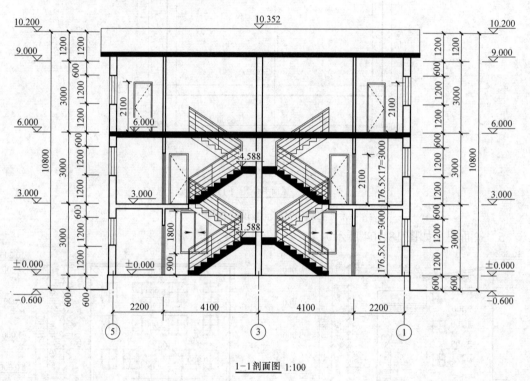

图 18-105　1-1 剖面图

从 1-1 剖面图中可以得到的信息有：

（1）剖切区域的剖面定位及填充图案；

（2）楼梯踏步高度；

（3）相关高程。

【解】　本题主要的绘制按如下步骤进行：

（1）建模环境设置及标高轴网创建；

（2）柱、墙、板、屋顶的绘制；

（3）楼梯及栏杆的绘制；

（4）门窗及室外台阶的绘制；

（5）图纸的创建及文件管理。

1. 建模环境设置及标高轴网创建

根据题目要求在考生文件夹中新建"第五题输出结果"文件夹，最终将结果文件保存在该文件中。

新建项目，在"管理"选项卡内的"设置"面板中选择"项目信息"命令，在弹出的"项目信息"对话框的对应位置输入题目要求的相关信息，如图 18-106 所示。

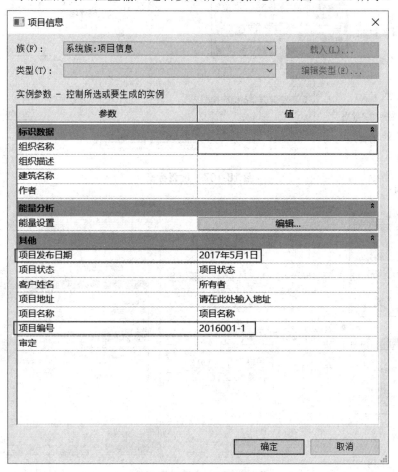

图 18-106　设置项目信息

切换至"南立面"，开始绘制标高，在"建筑"选项卡内的"基准"面板中选择"标高"命令，根据题目的立面图可以看出有 6 个标高，在"标高 2"上面绘制 3 个标高，在"标高 1"下面绘制 1 个标高（绘制时注意标头的对齐状态），根据题目相关数据修改标高值及标高名称，如图 18-107 所示。将室外地坪标高的标头样式改为下标头，修改所有标高名称时会弹出提示对话框，点击"确认"即可。

切换至"1F"平面图，开始绘制一层轴网。在"建筑"选项卡内的"基准"面板中选择"轴网"命令，竖向绘制第一个轴网，点击"编辑类型"，在"类型属性"对话框中点击"复制"，命名为"轴网_红色_双标头"，选择轴线中段为连续、轴线末段颜色为红色、轴线末段填充图案为点画线、勾选平面视图轴号端点 1 和端点 2，如图 18-108 所示。

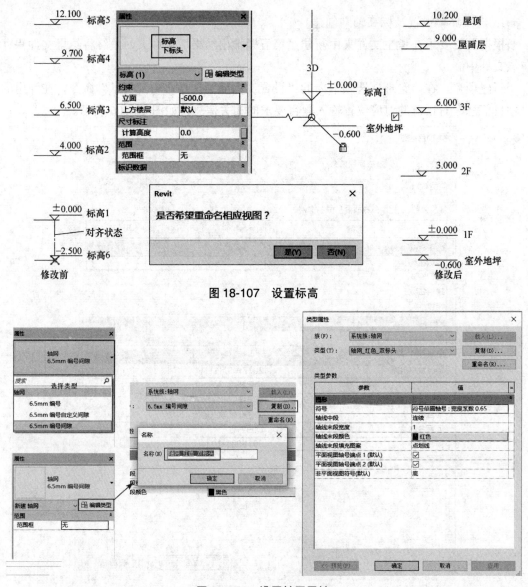

图 18-107　设置标高

图 18-108　设置轴网属性

单击选择 1 号轴线，点击"修改"面板中的"复制"命令，选项卡中勾选"约束"、"多个"，鼠标光标在 1 号轴线上单击一点，然后水平向右移动光标，输入间距 4200mm 后，按"Enter"键复制完成 2 号轴线。保持光标位于新复制的轴线右侧，分别输入"2100"、"2100"、"4200"，复制完成 3～5 号轴线，如图 18-109 所示。

绘制一条水平轴线，选择绘制完成的轴线，将轴号改为"A"，完成 A 轴绘制。参照竖向轴向的绘制方法，完成水平轴线的绘制，将轴网进行调整，完成一层轴网绘制，如图 18-110 所示。

根据图纸相关内容，在二层增加 1/1 号轴网，切换至"南立面"，根据各层平面图的相关轴线显示内容，解锁相应轴线，调整相当于各层标高的高度，以使各层平面中轴网按照平面图纸中的内容显示，如图 18-111 所示。

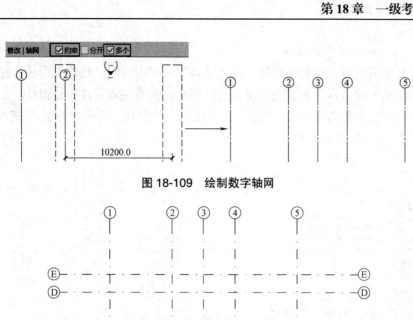

图 18-109　绘制数字轴网

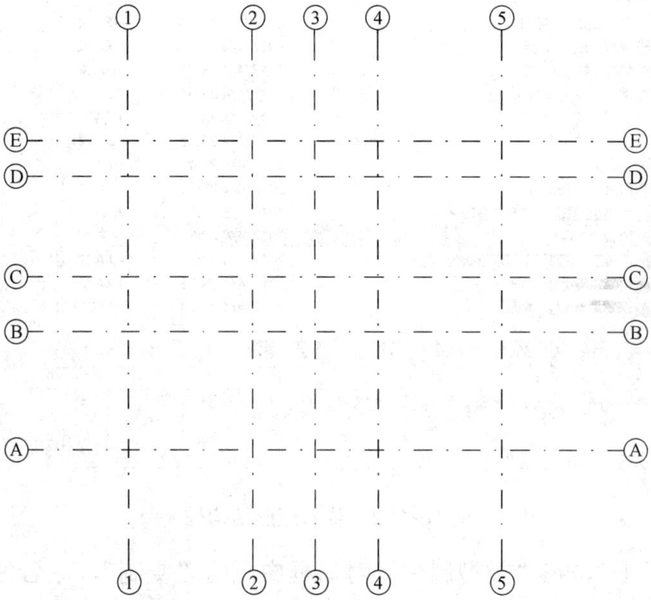

图 18-110　完成一层轴网绘制

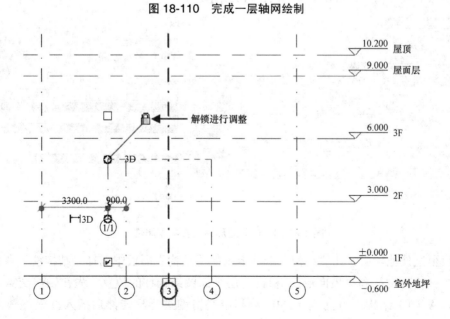

图 18-111　调整轴网

2. 柱、墙、板、屋顶的绘制

根据题目相关内容，绘制结构柱。在"结构"选项卡内的"结构"面板中选择"结构柱"命令，在属性对话框中未发现所需要的结构柱，需要载入所需的结构柱。在"插入"选项卡中选择"载入族"，选取"结构"—"柱"—"混凝土"—"混凝土-矩形-柱"，将族载入项目中，如图 18-112 所示。

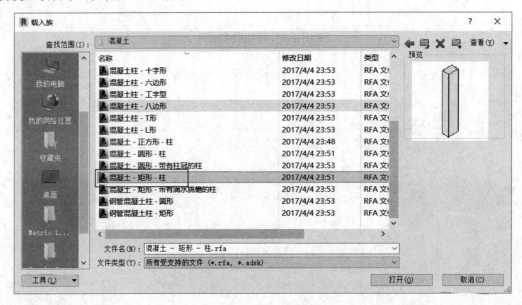

图 18-112　载入矩形结构柱

点击"编辑类型"，在"类型属性"对话框中点击"复制"，命名为"结构柱_300×400"，修改高度 h 值为"400"，如图 18-113 所示。

图 18-113　修改矩形结构柱类型属性

切换至室外地坪层，在"结构"选项卡内的"结构"面板中选择"结构柱"命令，选项卡中选择"高度"和"屋面层"，根据一层平面图结构柱的位置，先在轴线交点处放置结构柱，A 轴上结构柱方向旋转 90°，利用空格键进行翻转然后插入，最终效果如图 18-114 所示。

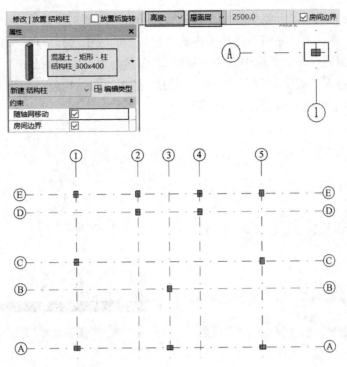

图 18-114 结构柱初步布置完成

从一层平面图可以看出，结构柱外边缘距离轴线均为 200mm，选择 1 轴与 E 轴交点处的结构柱，选择"移动"命令，向左和向上分别移动 50mm，选择"修改"选项卡中的"对齐"命令，选取移动后的结构柱上边缘（此时会出现浅蓝色对齐线），再选取 E 轴上其他结构柱的上边缘进行对齐，按上述步骤完成其他结构柱的调整，最终效果如图 18-115 所示。

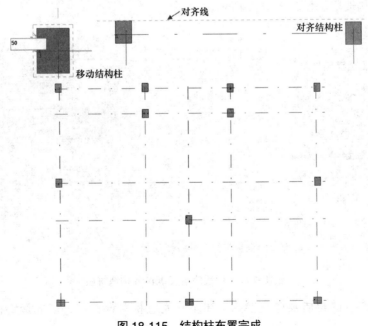

图 18-115 结构柱布置完成

结构柱绘制完成后，开始绘制墙。首先根据题目中主要构件参数表中的相关数据，设置所涉及的三种墙，在"建筑"选项卡内的"建筑"面板中选择"墙"命令，点击"编辑类型"，在"类型属性"对话框中点击"复制"，命名为"外墙_300mm"，确定后点击结构中的"编辑"，进入"编辑部件"对话框，点击"插入"在结构层上面插入 4 层，下面插入 1 层（利用向下按钮），如图 18-116 所示。

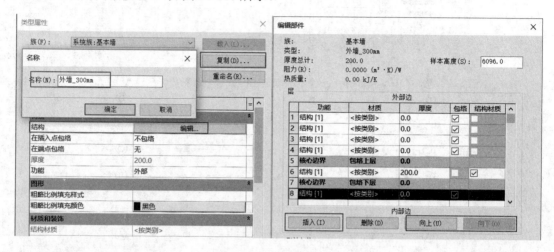

图 18-116　创建外墙_300mm

点击最上面结构层材质中"按类别"旁的按钮，在弹出"材质浏览器"对话框中搜索"面砖"，因无法搜到该材质，点击下方的"新建材质"，在"默认为新材质"上点击右键将材质名称修改为"外墙面砖"。在右侧外观中点击"替换此资源"按钮，搜索出的"面砖"中点击"使用此资源替换编辑器中的当前资源"按钮，连续确定后赋予"外墙面砖"材质到最外边构造层，如图 18-117 所示。

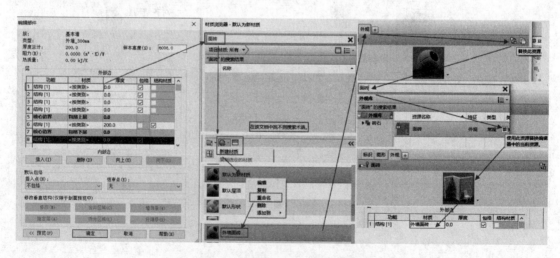

图 18-117　设置外墙_300mm 构造材质

将其他构造层的材质及厚度参照上述步骤完成相关设置，外墙的最终构造设置如图 18-118 所示。

	功能	材质	厚度	包络	结构材质	∧
			外部边			
1	结构 [1]	外墙面砖	5.0	☑	☐	
2	结构 [1]	玻璃纤维布	5.0	☑	☐	
3	结构 [1]	聚苯乙烯保温	20.0	☑	☐	
4	结构 [1]	水泥砂浆	10.0	☑	☐	
5	核心边界	包络上层	0.0			
6	结构 [1]	水泥空心砌块	250.0	☐	☑	
7	核心边界	包络下层	0.0			
8	结构 [1]	水泥砂浆	10.0	☑	☐	

图 18-118　外墙_300mm 构造材质设置

参照"外墙_300mm"的创建方法，创建"内墙_200mm"和"内墙_100mm"，具体的设置如图 18-119 所示。

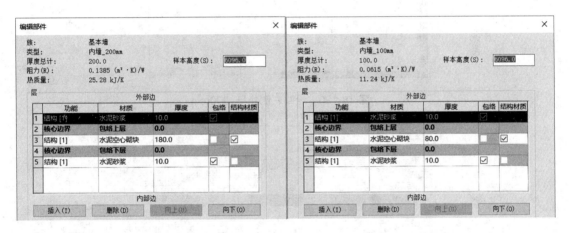

图 18-119　内墙_200mm 和内墙_100mm 构造材质设置

墙体构造设置完成后，进行墙体绘制。切换至"1F"平面，此层墙体为对称的，所以可以先绘制左侧墙体，然后进行镜像操作。在"建筑"选项卡内的"建筑"面板中选择"墙"命令，在属性对话框中选择"外墙_300mm"，高度设置为"2F"，定位线设置为"面层面：外部"（因所有外墙体与柱外边缘平齐），不勾选"链"，从 A 轴与 3 轴交点开始，顺时针绘制左侧墙体（保证墙体外边缘在外侧），如图 18-120 所示。

参照上述方法，根据一层平面图纸相关尺寸，绘制左侧"内墙_200mm"和"内墙_100mm"，注意墙体定位的准确性，利用"过滤器"选择绘制完成的墙体，如图 18-121 所示。

按住"Shift"键，用鼠标左键消除不需要镜像的墙体，选择"镜像"命令，绘制剩余墙体，一层墙体最终效果如图 18-122 所示。

利用"过滤器"选择绘制完成的墙体，在"修改"选项卡中选择"复制到剪贴板"命令，再从"粘贴"下拉菜单中选择"与选定的标高对齐"命令，在弹出的"选择标高"对话框中选择"2F"，点击"确定"完成二层墙体的复制，如图 18-123 所示。

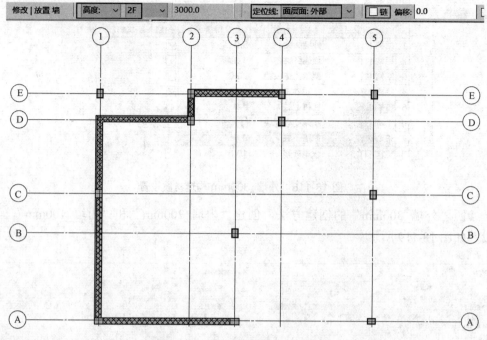

图 18-120　绘制左侧外墙_300mm

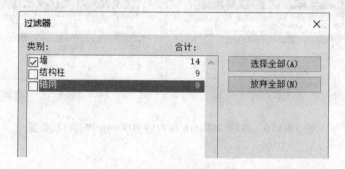

图 18-121　利用过滤器选择墙体

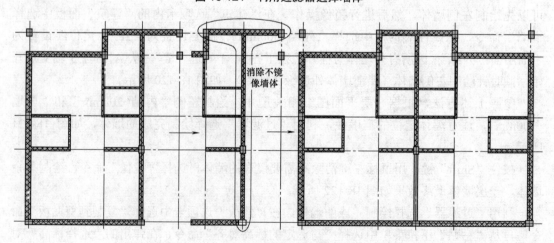

图 18-122　绘制完成的一层墙体

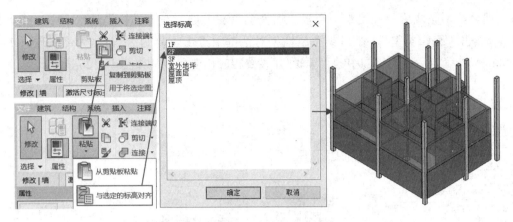

图 18-123 初步绘制二层墙体

参照题目中二层平面图纸墙体的定位，修改二层墙体，主要确定新增墙体的具体定位，如 1/1 轴处增加的墙体定位，最终效果如图 18-124 所示。

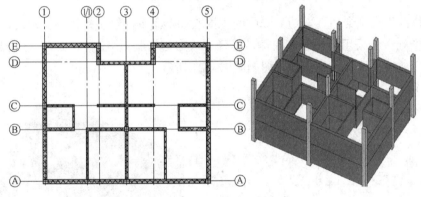

图 18-124 二层墙体绘制完成

从"粘贴"下拉菜单中选择"与选定的标高对齐"命令，在弹出的"选择标高"对话框中选择"3F"，完成三层墙体的复制工作，参照题目中三层平面图纸墙体的定位，修改三层墙体，最终效果如图 18-125 所示。其中需要将 C 轴与 E 轴之间墙体，通过修改顶部偏移"-1200"将高度修改为"1800"。

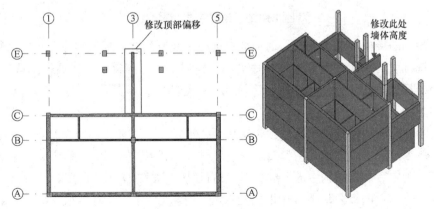

图 18-125 三层墙体绘制完成

墙体绘制完成后，开始绘制楼板。切换至"2F"层，在"结构"选项卡中选择"楼板"，点击"编辑类型"，在"类型属性"对话框中点击"复制"，命名为"大理石地板_200mm"，确定后点击结构中的"编辑"，设置相应构造参数，如图 18-126 所示。

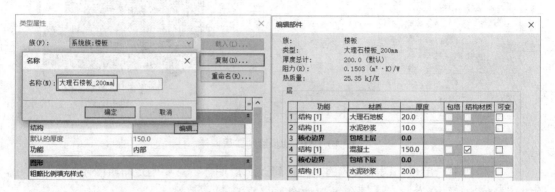

图 18-126　设置楼板相关参数

在"修改"选项卡内选取边界线中的"拾取线"命令，绘制楼板的轮廓线，将楼梯区域进行挖空处理（采用直线绘制左侧，镜像完成右侧绘制），绘制完成后，点击"完成编辑模式"完成楼板绘制，最终效果图如图 18-127 所示。

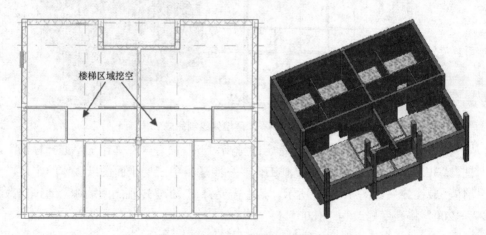

图 18-127　绘制完成二层楼板

选择绘制的楼板，在"修改"选项卡中选择"复制到剪贴板"命令，再从"粘贴"下拉菜单中选择"与选定的标高对齐"命令，在弹出的"选择标高"对话框中选择"3F"，完成三层楼板的复制工作，选中平台区域高出的结构柱，将其顶部标高修改为"3F"，最终效果如图 18-128 所示。

楼板绘制完成后，开始绘制屋顶。切换至"屋顶"层，在"建筑"选项卡中选择"迹线屋顶"命令，点击"编辑类型"，在"类型属性"对话框中点击"复制"，命名为"常规_150mm"，确定后点击结构中的"编辑"，设置厚度，如图 18-129 所示。

选择"修改"面板内边界线中的"拾取线"，选项栏中定义坡度取消勾选，悬挑设置为 600mm，按轴线进行绘制并修改，选择"坡度箭头"，从 C 轴向 A 轴绘制，选中箭头，将最低处标高改为"屋面层",最高处标高改为"屋顶",头高度偏移改为"0",如图18-130所示。

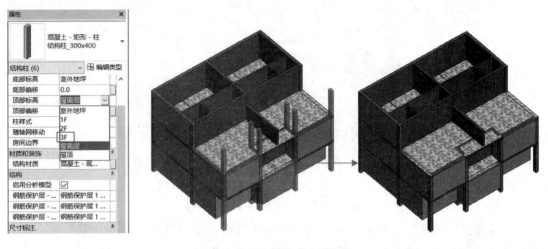

图 18-128 绘制完成三层楼板

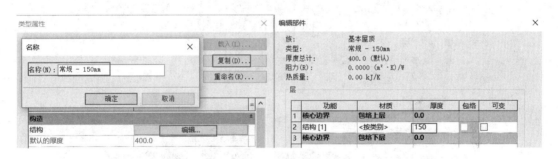

图 18-129 设置屋顶参数

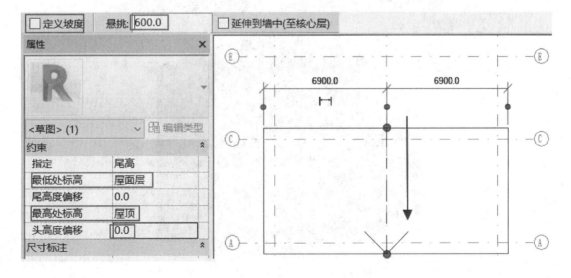

图 18-130 绘制屋顶并设置相关参数

点击"完成编辑模式",切换至三维视图,选择"注释"选项卡中"高程点"进行标注,检查是否绘制正确,如图 18-131 所示。

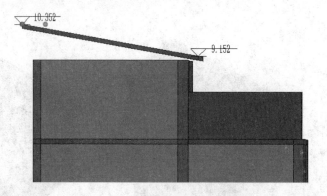

图 18-131　检验屋顶绘制正确性

分别框选三层的墙和结构柱,点击"修改"选项卡中的"附着顶部/底部"命令,再选择绘制的屋顶,完成附着及主体结构,如图 18-132 所示。

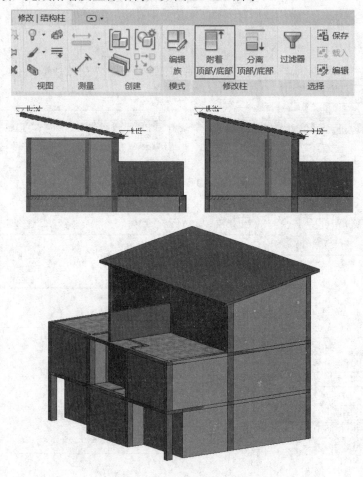

图 18-132　附着及整体结构图

3. 楼梯及栏杆的绘制

从剖面图可以看出，一层楼梯和二层是一样的，左侧和右侧的楼梯是一致的，可分别用复制和镜像命令进行绘制，所以首先绘制一至二层的楼梯。

切换至"1F"层，在楼梯区域绘制参照平面，梯段宽度为 750mm，梯段长度为 2240mm，平台宽度为 675mm，参照平面绘制完成后如图 18-133 所示。

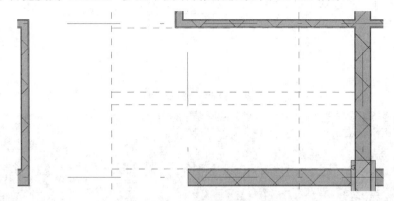

图 18-133　绘制楼梯参照平面

在"建筑"选项卡下选择"楼梯"命令，在类型选择器下选择"整体浇筑楼梯"，在"梯段"中选择"直梯"，选项栏中定位线选择"梯边梁外侧：左"，实际梯段宽度设置为 750mm，属性对话框中相关参数保存默认即可，如图 18-134 所示。

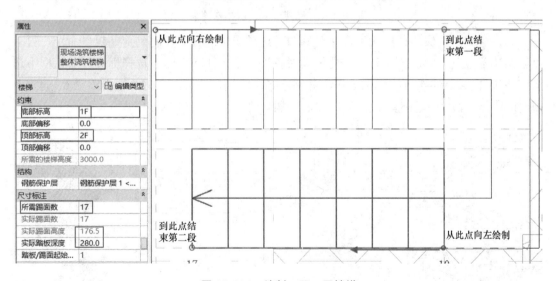

图 18-134　绘制一至二层楼梯

选择"对齐"命令，选择最左侧参照平面为对齐线，再选择第二段梯段顶端与其对齐，如图 18-135 所示。

点击"完成编辑模式"，完成一至二层间的楼梯梯段的绘制，选择绘制的楼梯，点击"编辑楼梯"，选择"平台"中的"创建草图"，使用"直线"命令进行二层平台的绘制，两次点击"完成编辑模式"，完成二层平台的绘制，切换至三维视图，选择"剖面框"进行调整，查看楼梯创建情况，如图 18-136 所示。

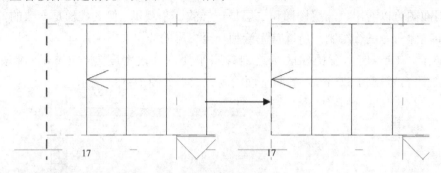

图 18-135　梯段对齐

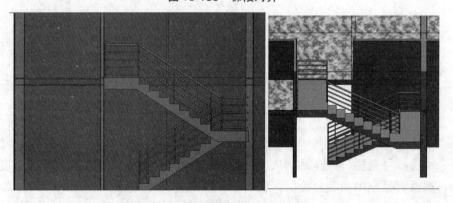

图 18-136　完成一至二层楼梯绘制

　　选择绘制的楼梯和栏杆扶手，在"修改"选项卡中选择"复制到剪贴板"命令，再从"粘贴"下拉菜单中选择"与选定的标高对齐"命令，在弹出的"选择标高"对话框中选择"2F"，完成二层楼板的复制工作，分别选择两段栏杆扶手，点击"编辑路径"，删除不需要的路径，添加缺少的路径，绘制完成左侧最终楼梯，如图 18-137 所示。

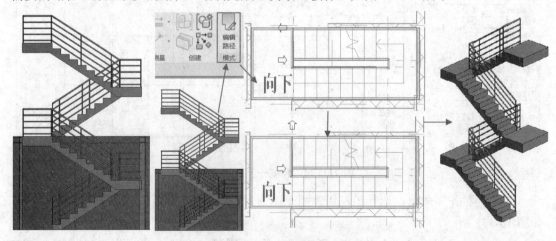

图 18-137　完成左侧楼梯绘制

　　将三维视图和平面视图平铺，在三维视图中通过过滤器选择所绘制的楼梯，在平面视图中使用"镜像"命令，绘制右侧楼梯，如图 18-138 所示。

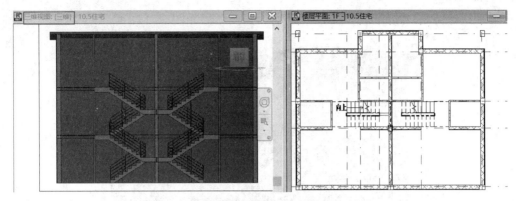

图 18-138　完成全部楼梯绘制

楼梯绘制完成后，开始绘制室外的栏杆扶手。切换至"1F"平面，在 E 轴上绘制栏杆扶手。根据题目立面图，首先绘制室外地坪到 1F 层之间的外墙，在"建筑"选项卡中选择"墙"命令，选择"外墙_300mm"进行绘制，定位线选择"面层面：外部"，底部约束选择"室外地坪"，顶部约束选择"直到标高：1F"，选择绘制的墙体进行镜像操作，完成右侧墙体的绘制，如图 18-139 所示。

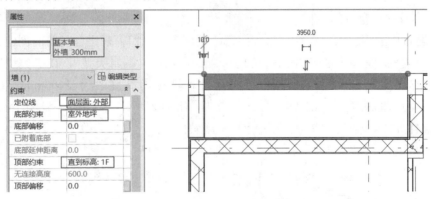

图 18-139　绘制室外地坪至 1F 之间墙体

绘制完成墙体后，在相同位置绘制室外扶手栏杆。在"建筑"选项卡中选择"栏杆扶手"命令，选择系统默认样式进行绘制，使用"移动"命令对其进行微调，使用"镜像"命令绘制另一侧栏杆扶手，最终效果如图 18-140 所示。

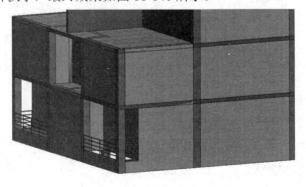

图 18-140　一层室外栏杆扶手的绘制

参照上述方法，绘制其他层的室外栏杆，最终效果如图 18-141 所示。

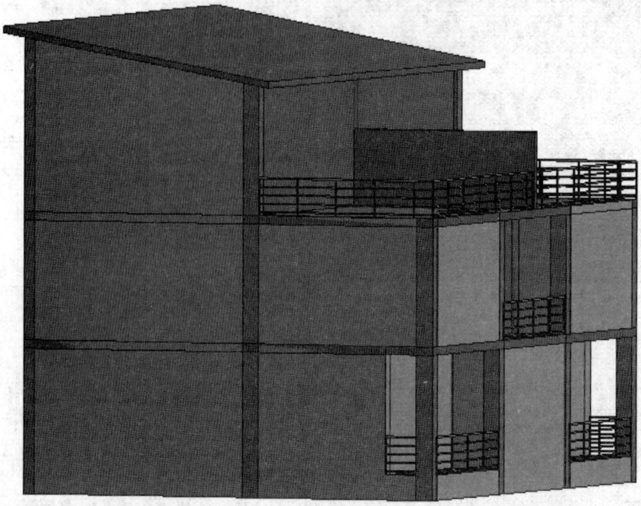

图 18-141　室外栏杆扶手最终效果图

4. 门窗及室外台阶的绘制

根据题目中的门窗表及图纸，进行门窗的绘制。根据门窗表进行门窗的创建，在"建筑"选项卡内的"建筑"面板中选择"门"命令，点击"编辑类型"，在"类型属性"对话框中点击"复制"，命名为"M1"，在尺寸标注中将高度改为 2100mm，宽度改为 800mm，并将下面的类型标记改为"M1"，如图 18-142 所示。以此方法创建 M2、M3、M4 及 TLM1，其中推拉门 TLM1 需进行载入族操作，然后进行修改。

图 18-142　门的创建

门创建完成后，根据各层平面图纸进行插入，可先进行左侧门的插入，然后采用镜像（此处最好用过滤器选择，选择时要同时选择门和门标识）绘制右侧的门，插入时需选取"在放置时进行标记"，并注意门的开启方向，一层的最终效果如图 18-143 所示。

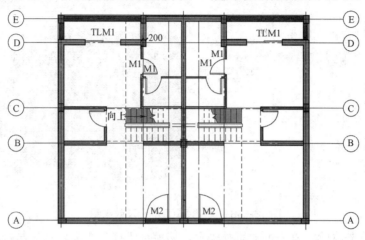

图 18-143　一层门的创建

参照上述方法，二层和三层的门最终效果如图 18-144 所示。

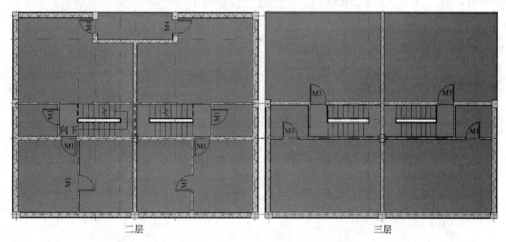

图 18-144　二、三层门的创建

参照门的创建及插入方式，进行窗户的创建和插入，各层最终效果图如图 18-145 所示。

图 18-145　各层窗户的创建

切换至平面图，分别选择 C1 到 C5 窗户，点击右键在"选择全部实例"中选择"在整个项目中"，按照窗明细表的要求，在属性对话框中调整底标高高度，最终效果如图18-146 所示。

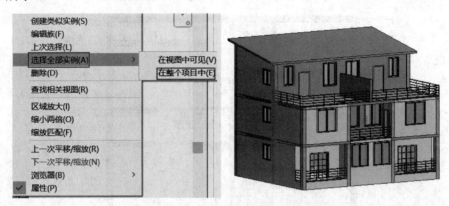

图 18-146　调整窗户底标高及效果图

开始绘制室外台阶，首先创建室外平台，切换至"1F"平面，在"结构"选项卡中选择"楼板"命令，点击"类型属性"创建"室外平台_600mm"楼板，根据图纸相关尺寸绘制平台轮廓，点击"完成编辑模式"，创建完成室外平台，如图 18-147 所示。

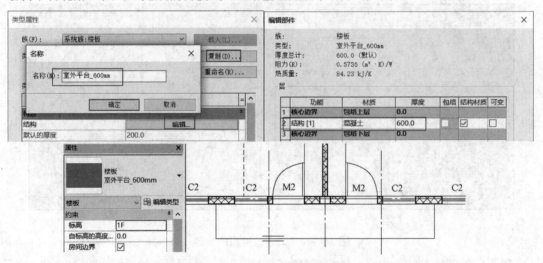

图 18-147　室外平台设置及绘制

切换至"室外地坪"平面，在"建筑"选项卡中选择"楼梯"命令，选择"整体现浇楼梯"，设置踏步深度为 300mm，梯段宽度为 1200mm，并为楼梯加上栏杆扶手，绘制完成后利用镜像绘制另一侧的楼梯，点击"完成编辑模式"完成室外台阶的绘制，如图18-148 所示。

5. 图纸的创建及文件管理

结束所有模型建立后，开始进行图纸的创建。首先创建窗明细表，在"视图"选项卡中选择"明细表"下拉菜单中的"明细表/数量"，在"新建明细表"对话框的类别中选择"窗"，如图 18-149 所示。

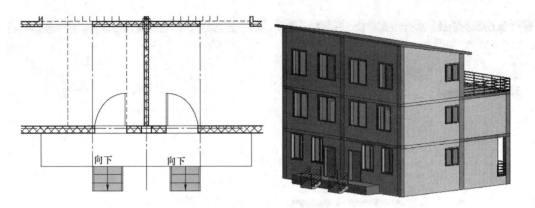

图 18-148　完成室外台阶绘制

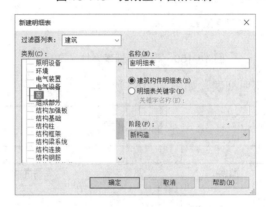

图 18-149　新建明细表

点击确定，弹出"明细表属性"对话框，在"字段"中按题目要求选择类型标记、宽度、高度及合计，并调整先后顺序；在"排序/成组"中的排序方式选择"类型标记"，不勾选"逐项列举每个实例"；在"格式"的"合计"中选取"计算总数"；在"外观"中不勾选"数据的前面空行"，如图 18-150 所示。

 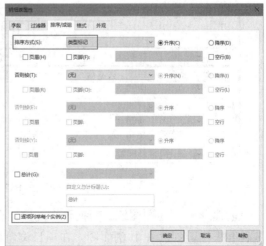

图 18-150　设置明细表属性（一）

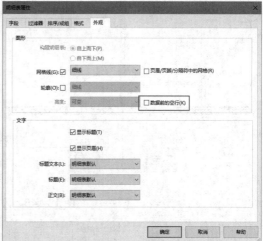

图 18-150 设置明细表属性（二）

点击确定后，生成窗明细表，如图 18-151 所示。

〈窗明细表〉

A	B	C	D	E
类型标记	宽度	高度	底高度	合计
C1	1500	1800	900	8
C2	1200	1800	900	6
C3	1800	1800	900	2
C4	900	1500	1200	2
C5	1200	1200	1200	6

图 18-151 窗明细表

参照上述方法创建门明细表，如图 18-152 所示。

〈门明细表〉

A	B	C	D	E
类型标记	宽度	高度	底高度	合计
M1	800	2100	0	14
M2	1200	2100	0	2
M3	900	2100	0	2
M4	700	2100	0	2
TLM1	1800	2100	0	2

图 18-152 门明细表

创建 1-1 剖面图图纸。切换至平面图，在"视图"选项卡中选择"剖面"命令，按照题目要求位置创建 1-1 剖面图，在项目浏览器中将生成的"剖面 1"重命名为"1-1 剖面图"，如图 18-153 所示。

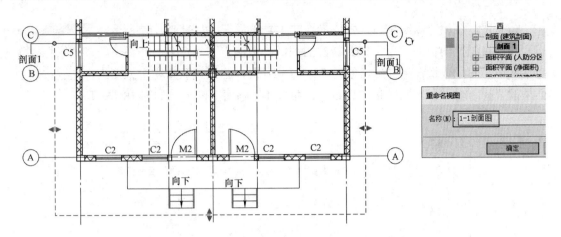

图 18-153　创建 1-1 剖面

在"视图"选项卡中选择"图纸"命令，在弹出的"新建图纸"对话框中选择"A3公制"图纸（本题要求 A4），自动切换至图纸页面，如图 18-154 所示。

图 18-154　创建图纸

切换至"1-1 剖面图"，对剖面图相关内容按照题目要求进行调整，主要内容包括：

① 查看视图比例是否为要求的 1：100，若不是修改成 1：100；

② 将属性对话框中的裁剪视图和裁剪区域可见取消勾选；

③ 左右两侧按照图纸要求进行标注；

④ 左侧标高显示标头；

⑤ 楼层的高程进行标注；

⑥ 楼层内门窗的标注；

⑦ 楼梯高度标注，此处双击"3000"，在弹出的"尺寸标注文字"对话框中，在"以文字替换"中输入"176.5×17=3000"，如图 18-155 所示。

⑧ 将被剪切区域用实心填充进行填充，方法是选择需要被填充的图元，右键选择"替换视图中的图形"中的"按图元"，在弹出的"视图专有图元图形"对话框中点开"截面填充图案"，在"填充图案"中选择"实体填充"，如图 18-156 所示。

按上述进行设置和绘制后，生成最终的 1-1 剖面图，如图 18-157 所示。

在项目浏览器中的图纸下找到新建的图纸，右键点击重命名，在弹出的"图纸标题"对话框中，图纸数量设为 1，名称为"1-1 剖面图"，点击确认双击进入图纸，左键按住剖面中的"1-1 剖面图"，将其拖入图纸中，生成 1-1 剖面图图纸，如图 18-158 所示。

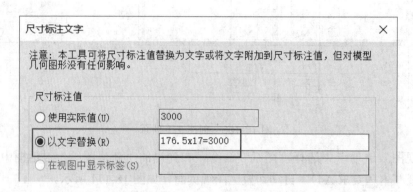

图 18-155　设置尺寸标注文字

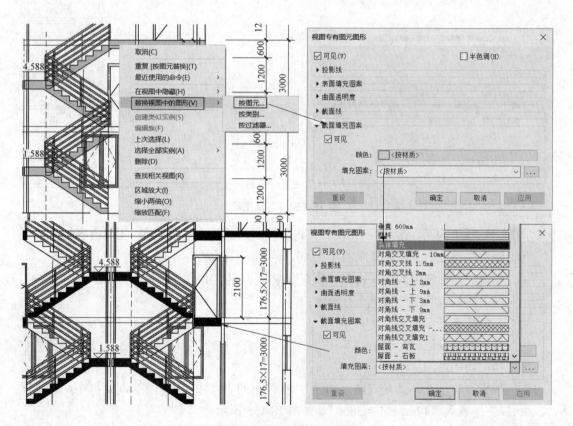

图 18-156　设置填充图案

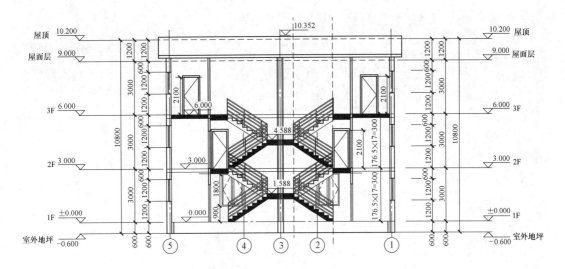

图 18-157　1-1 剖面图最终效果

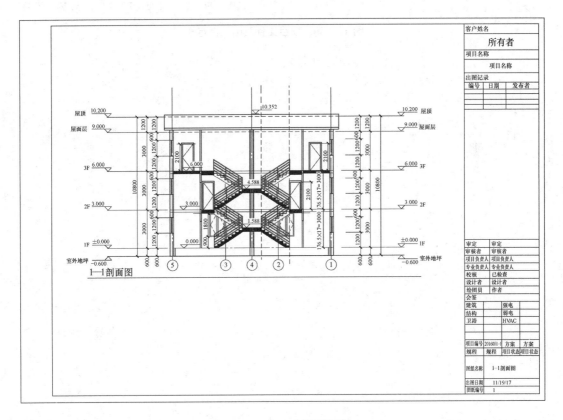

图 18-158　1-1 剖面图图纸

　　首先以"住宅"为文件名将项目文件保存。选择"文件"—"导出"—"CAD 格式"，弹出"DWG 导出"对话框，点击下一步，选择"第五题输出结果"文件夹，以"1-1 剖面图"为文件名进行保存，如图 18-159 所示，本题绘制完成。

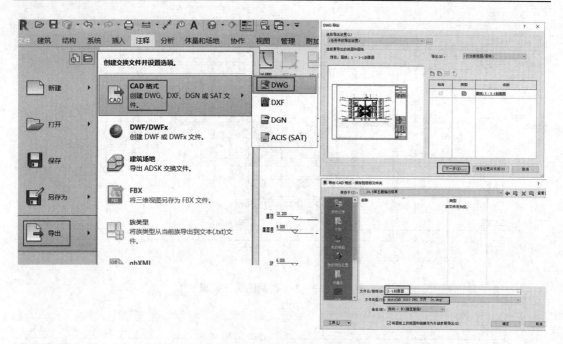

图 18-159　项目文件及图纸保存

参 考 文 献

[1]　中华人民共和国住房和城乡建设部. 建筑信息模型应用统一标准 GB/T 51212—2016 [S]. 北京：中国建筑工业出版社，2016.

[2]　中华人民共和国住房和城乡建设部. 关于推进建筑信息模型应用的指导意见 [R]. 2015.

[3]　中华人民共和国住房和城乡建设部. 2016—2020 年建筑业信息化发展纲要 [R]. 2016.

[4]　中华人民共和国住房和城乡建设部. 建筑信息模型施工应用标准 GB/T 51235—2017 [S]. 北京：中国建筑工业出版社，2017.

[5]　陈长流，李燕燕，彭毅. 谈 BIM 技术在云计算数据中心中的应用 [J]. 山西建筑. 2016，42（13）：257-258.

[6]　中国图学学会. 第二届全国 BIM 学术会议论文集 [M]. 北京：中国建筑工业出版社，2016.

[7]　中国图学学会. 第三届全国 BIM 学术会议论文集 [M]. 北京：中国建筑工业出版社，2017.

[8]　陈长流，张昆，叶帅华. 基于互联网数据中心的 BIM 专属云桌面研究 [J]. 土木建筑工程信息技术. 2017，9（6）：94-98.

[9]　何关培. 那个叫 BIM 的东西究竟是什么 [M]. 北京：中国建筑工业出版社，2011.

[10]　何关培. 那个叫 BIM 的东西究竟是什么 2 [M]. 北京：中国建筑工业出版社，2012.

[11]　何关培. 如何让 BIM 成为生产力 [M]. 北京：中国建筑工业出版社，2015.

[12]　黄强著. 论 BIM [M]. 北京：中国建筑工业出版社，2016.

[13]　朱彦鹏，王秀丽. 土木工程概论 [M]. 北京：化学工业出版社，2017.